U0186166

陪 伴 女 性 终 身 成 长

长寿汤

[日] 藤田纮一郎 著

安忆 译

天津出版传媒集团

天津科学技术出版社

前 言

藤田纮一郎
（医学博士、免疫学专家）

为了健康长寿，提高免疫力，赶走疾病

在三十出头时，我曾是一名整形外科医生，在工作中接触到了感染免疫学。那之后的五十年来，我一直作为免疫学专家，致力于免疫学方面的科学研究。

其实，过去的我并不重视养生，身体也不是一直都保持健康的状态。五十五岁之前，无论吃饭还是喝酒，我都是百无禁忌，饮食习惯堪称糟糕。那时的我患有痛风和糖尿病，头发稀疏，身体状况与"健康"二字可以说完全不沾边。有一天，我下定决心要改变这种状况，于是我把自己的身体当作"实验室"，尝试各种被认为有益身体的饮食术，开始了饮食方面的研究。

这其中，有一种饮食习惯我坚持至今，那就是喝汤。开始喝汤后，我的身体逐渐恢复健康，别说大病，就连感冒也很少再找上门。

用有益长寿的营养成分滋养身体！

我喝的这种汤，简而言之就是有助于改善肠道健康的汤。人体70%的免疫细胞都在肠道中。因此只要保证肠道的健康，就能提升免疫力，帮助我们远离疾病。

那么，我们应该如何让肠道变得更健康呢？肠道中有三种菌群，分别是有益菌、有害菌和条件致病菌。有益菌能提高免疫力，是有助于身体健康的细菌，有害菌则与之相反。条件致病菌则属于"墙头草"，随环境而定，既能转化为有益菌，也能转化为有害菌，约占总菌群的70%，有益菌与有害菌各占15%。这一比例的平衡不会出现较大的变动，但通过饮食可以促进条件致病菌转化为有益菌，将有益菌的占比提高到20%，使之成为优势菌群。这也正是打造健康身体的关键。

本书将介绍如何选择有益肠道健康的食材，并将它们制作成各种美味的"长寿汤"。只需在日常饮食中加入一道"长寿汤"，就能提高免疫力，打造不容易生病的强健身体。建议先用两周时间尝试本书中介绍的食谱，你一定能感受到身体细微而持续的改善。

我选择每天喝汤的理由

五十五岁之后，我通过调整日常饮食，改善了各种慢性疾病与亚健康问题，重新获得了健康的身体。

通过亲身实践与体验，我真切地感受到，不论是谁，在年过半百后，体质与代谢方式都会发生巨大的改变。

在我们的身体中，有两种能量供应机制在相互协作，发挥作用。五十岁以前，负责消耗糖类、在32~36℃时触发的"提供爆发力的供能机制"更为活跃；五十岁之后，负责消耗氧气、在37℃以上温度时触发的"保持耐久力的供能机制"开始成为主要的能量供应方式。

一直保持年轻时的饮食习惯，不仅会阻碍"保持耐久力的供能机制"发挥作用，从而产生活性氧，还会因糖类摄入过量而引发肥胖、糖尿病等慢性疾病。针对身体的变化，我们应注意在日常饮食中有意识地控制糖类的摄入，多吃能温暖身体、改善肠道环境的食物。这正是"长寿汤"大显身手的时候。每天端上餐桌的那碗汤，会成为改变日常饮食的关键。

极品长寿汤

蔬菜与蛋白质组成的副菜

糙米奶酪饭团

藤田家的餐桌——某日午餐

上图展示了我平时常吃的午餐。每天的食材会有所不同，但基本上都是这样的饮食搭配。主菜的汤由带骨头的肉或鱼搭配大量蔬菜炖煮，能毫不浪费地喝到汤中的鲜味与营养。另外配上含有优质蛋白质的副菜与低糖又富含膳食纤维、维生素的糙米饭团。此外，还加入了能调理肠道的发酵食品——奶酪。

年过五十，可不能再像年轻时那样大吃大喝了。请调整自己的饮食习惯，打造不易生病的健康体魄吧！

免疫专家每天必喝

简单、美味、易坚持！
"极品长寿汤"的做法

食材（便于制作的分量）

鸡翅中 ·········· 4个（200克）
卷心菜 ······ 1/4颗（250克）
胡萝卜 ········· 1/2根（75克）
香菇 ···················· 2朵
小番茄 ················· 6颗
盐、胡椒粉、白醋 ···· 各少许

做法

1 卷心菜切成适口大小的块状。胡萝卜竖着对半切开后斜刀切成薄片。香菇切薄片。

2 锅中放入**1**与鸡翅中、小番茄，加入水没过食材并煮开。

3 转中火煮约20分钟，待蔬菜变软后，加入盐、胡椒粉调味，最后淋入少许白醋。

时间
30分钟

热量	142 千卡
蛋白质	3.8 克
含糖量	11.6 克
盐分	0.8 克

藤田家的厨房

全部放入锅中

煮熟就完成了

不用想得太复杂，拿出冰箱里现成的蔬菜和带骨头的肉类放进锅中一起慢炖。蔬菜与肉类所含的鲜味物质会溶入汤中，只需加少许盐和胡椒粉就是一锅美味的汤。出锅前淋入少许白醋，不仅可以让汤更清爽适口，白醋还能与水溶性膳食纤维一起，更有效地促进肠道健康。

只需放入带骨头的肉类与蔬菜一起炖煮，
简单调味就鲜美无比！

相同食材改变烹饪手法即可获得不同的健康效果

做成汤菜，益处多多！

充分吸收食物中的营养，减少浪费

食物的营养与各种有效成分大多是水溶性物质。在焯水、炖煮的过程中，这些营养成分会被析出，溶入汤汁中。做成连汤带菜一起吃的汤菜，就能毫不浪费地摄入这些析出到汤汁中的营养成分。

蔬菜经过炖煮变软，体积缩小，能轻轻松松地大量摄入。这也是汤菜的一大优点。不仅如此，在食欲不振时，只喝汤也能有效摄取营养成分。

美味可口，容易消化吸收

在制作汤菜时，为了煮出鲜味物质与营养成分，需要经过一定时间的炖煮，帮助食材转变为更容易消化吸收的状态。喝汤可以在不对肠胃增加负担的前提下，更好地吸收各种营养。

肠胃虚弱或食欲不振时，喝汤有助于营养的吸收。另外，便于每天坚持也是汤菜的优点。

冬暖夏凉，由内而外地调节基础体温

食材丰富的热汤能由内而外地让身体暖起来。身体变暖，可以促进血液循环，增加内脏活动，从而改善身体状况。

在炎热的夏季，体内容易积聚过多的热量，推荐尝试将美味的汤放凉后再喝或以酸奶、水果为基底的冷汤。这样不仅能帮助身体散热，还能在吸收多种营养的同时，补充因出汗而流失的水分。汤具有调节基础体温的功能，一年四季都能愉快享用。

不擅长做菜也没问题，简单炖煮就很美味

煮汤操作简便，只需要把食材放入锅中，之后交给锅子慢慢煮熟就可以了。鱼肉的鲜美、蔬菜的甘甜溶入汤中，只需加一点点调味料，就是一锅美味的"长寿汤"。

即便不擅长做菜或太忙没时间做复杂的菜也不用担心。本书还准备了更简单的"快手长寿汤"（第18—21页）。这几款汤不用开火煮，只需将食材混合就能享用，请一定要尝试一下。

目 录

第 1 章　免疫专家每天必喝的 长寿汤

求医不如求己的秘密武器

长寿汤的基本食材①

长寿汤的基本食材②

第 2 章 蔬菜 长寿汤

第3章　发酵食品 长寿汤

第4章 肉骨、鱼骨 长寿汤

肠道菌群平衡影响"快乐物质"的合成

有一种神经传导物质能控制人的情绪与情感，为我们带来幸福感与安全感，这就是"血清素"。血清素又被誉为"快乐物质"，在人体内的含量约为10毫克。

这10毫克血清素约有90%存在于肠道中，约8%存在于血液中，剩下约2%存在于大脑中。因为肠道负责合成血清素，所以相较于大脑，血清素在肠道中的含量更高。

血清素在人体内，通过食物中的氨基酸——色氨酸转化生成。那么，是不是只需要尽可能多地摄入色氨酸就可以呢？事情可没这么简单。血清素的合成与肠道菌群密切相关。肠道菌群失衡就无法合成足量的血清素。

换言之，肠道环境良好，合成了足量的血清素，就会让人更容易保持情绪稳定，感到快乐。而肠道环境紊乱则会导致血清素不足，引发焦虑、不安等不良情绪。

因此，改善肠道健康对稳定情绪也非常重要。

第1章

免疫专家每天必喝的

长寿汤

自己动手提高免疫力

　　"希望能长久保持健康，希望更长寿。"——这是每个人共同的心愿。那么，为了健康长寿，我们应该怎么做呢？最重要的是尽可能不生病、少生病，即便生病也避免恶化为重症，这样病后才有可能恢复到健康状态。因此，我们需要有一定的免疫力。

　　免疫力是指抵抗流感等病毒、细菌，预防疾病的能力，以及即便患病也能治愈、恢复的能力。在日常生活中，不断增强免疫力，不仅可以抑制癌细胞，还能让身体保持年轻的状态。除此之外，免疫力还有预防抑郁症等心理疾病的效果。

　　增强免疫力的关键有两大方面。一是强化肠道健康，因为人体70%的免疫细胞都在肠道中；二是抑制会加速身体老化的活性氧。而日常饮食对这两者有着重大影响。调整日常饮食习惯，就能增强免疫力，打造不易生病的健康身体。

⭕ 免疫力增强后

打造
抗癌体质

攻击并消灭每天在人体内出现的 3 000~5 000 个癌细胞。

预防抑郁症等
心理疾病

肠道菌群向大脑输送快乐物质——血清素。

❌ 免疫力下降后

易患过敏性
疾病

引发皮肤过敏、过敏性鼻炎、哮喘、花粉过敏症等。

易患自身免疫性
疾病

免疫力攻击自身组织引发疾病。

免疫力的作用

抵御感染

预防因流感等病毒或病原菌引发的感染。

保持健康

快速从疲劳、疾病中恢复，打造耐压的强壮身体。

延缓衰老

促进新陈代谢，延缓器官的功能衰弱与细胞组织的老化。

人体70%的免疫力来源于肠道!

肠道是负责吸收所摄入食物中的营养,并将废弃物通过粪便排出体外的器官。但肠道的职责可不仅限于此。

人体大约70%的免疫细胞都集中在肠道中,肠道菌群负责激活这些免疫细胞。肠道中生活着2 000万种、超过100万亿个肠道细菌。这些细菌可以分成三大类,即有益菌、有害菌和条件致病菌。肠道是否健康的关键在于肠道菌群的平衡与否。条件致病菌对身体无益也无害,但它们会选择依从有益菌、有害菌中占据优势地位的一方。肠道菌群的黄金比例是有益菌占20%,有害菌占10%,条件致病菌占70%。保持有益菌的优势地位是增强免疫力的关键。

想让有益菌占优势地位,我们应该在日常饮食中充分摄入富含膳食纤维与抗氧化成分的蔬菜、能为有益菌提供食物的发酵食品以及能强化肠道屏障功能的短链脂肪酸等食物。喝"长寿汤"正是有效摄入上述有益食物的捷径。在日常饮食中巧妙地搭配长寿汤,能帮助肠道菌群保持理想的平衡状态,从而增强免疫力。

肠道细菌的种类

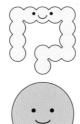

有益菌

·乳酸菌
·双歧杆菌等

条件致病菌

·拟杆菌门细菌
·真杆菌
·连锁球菌等

有害菌

·大肠杆菌
·魏氏杆菌
·葡萄球菌等

理想的肠道细菌比例

有益菌	条件致病菌	有害菌
分泌有助于健康与美容的物质	无害无益，但会依从优势菌群	过量增殖有害身体健康，但也具有攻击有害病菌的作用

2 : 7 : 1

蔬菜中富含的膳食纤维、抗氧化成分对身体有哪些益处？

卷心菜

含有丰富的异硫氰酸盐，具有良好的预防癌症的效果。做成汤后菜叶变软变薄，能轻松增加摄入量。

大蒜

位于抗癌食物金字塔顶端的食物。大蒜中的刺激性气味大蒜素，具有抗氧化与解毒的作用。

生姜

生姜能温暖身体，有助于人体维持合适的体温，激活免疫细胞。

胡萝卜

胡萝卜中的色素成分β-胡萝卜素具有较强的抗氧化作用，还能帮助皮肤与黏膜保持健康。

番茄

红色源自番茄红素，这是一种具有较强抗氧化作用的植化素。与油脂一起摄入能提高其吸收率。

洋葱

含有抗氧化成分大蒜素和异硫氰酸盐。还富含低聚糖，能作为肠道有益菌的食物。

激活免疫细胞，预防癌症

　　长寿的基本条件是不生病。为此，饮食习惯十分重要。下一页的图片是美国国家癌症研究所发布的"抗癌食物金字塔"。如今，全世界的癌症发病率逐年升高，甚至有报道称每两人之中就有一人罹患癌症。这张图中罗列了被认为具有预防癌症效果的食物。它们的共通点是都含有"植化素"。植化素是多酚与类胡萝卜素等的总称，是植物性食物所具有的功能成分。它们能通过强有力的抗氧化作用抑制破坏身体的活性氧的生成。

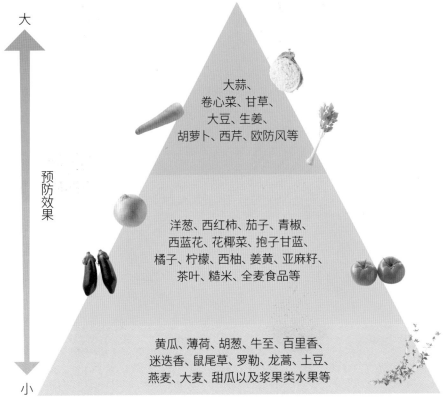

具有预防癌症效果的食物
抗癌食物金字塔

大

预防效果

小

大蒜、
卷心菜、甘草、
大豆、生姜、
胡萝卜、西芹、欧防风等

洋葱、西红柿、茄子、青椒、
西蓝花、花椰菜、抱子甘蓝、
橘子、柠檬、西柚、姜黄、亚麻籽、
茶叶、糙米、全麦食品等

黄瓜、薄荷、胡葱、牛至、百里香、
迷迭香、鼠尾草、罗勒、龙蒿、土豆、
燕麦、大麦、甜瓜以及浆果类水果等

（美国国家癌症研究所）

　　另外一个关键是"膳食纤维"。摄入足量的膳食纤维能帮助彻底排出代谢废物，防止代谢废物积聚在体内，帮助有益菌在肠道菌群中占据优势地位，以提高免疫力。另外，膳食纤维还有助于控制血糖，降低胆固醇。

　　膳食纤维分为不可溶性与水溶性两种。喝汤能充分摄入水溶性膳食纤维。

灰树花（菌菇类）

各类菌菇含有丰富的膳食纤维，还有大量的β-葡聚糖成分，能提高免疫力。

纳豆

纳豆不仅富含膳食纤维，还含有能降低血液黏稠度的纳豆激酶等大量对身体有益的成分。

秋葵

带有黏液的食物含有大量水溶性膳食纤维。另外，秋葵还富含β-胡萝卜素，具有较强的抗氧化作用。

裙带菜（海藻类）

海藻富含岩藻多糖、海藻酸等水溶性膳食纤维，还含有多种矿物质。

牛油果

不仅含有膳食纤维，还富含能降低中风与心肌梗死风险的叶酸和抗氧化物质维生素E。

山药

含有淀粉分解酶的代表性强身滋养食材。特有的黏液成分有抑制糖类吸收的作用。

肠道健康还能预防糖尿病与肥胖

　　膳食纤维还有助于促进生成有益肠道健康的短链脂肪酸。短链脂肪酸是肠道细菌分解发酵膳食纤维时产生的物质，不仅能促进肠道细菌的增殖，修复肠黏膜，还能被肠道壁吸收进入血液，阻止细胞囤积脂肪。换言之，这种物质有助于预防肥胖。短链脂肪酸还能产生促进胰岛素分泌的肠促胰岛素，因此能预防糖尿病。充分摄入膳食纤维能带来许多益处。

摄入膳食纤维后会发生什么?

进入体内的
膳食纤维

在肠道中被细菌分解

发酵

生成短链脂肪酸

肠道中的短链脂肪酸增加后

| 修复肠黏膜 | 激活肠道菌群 | 肠道细菌增殖 |
| 改善糖尿病 | 改善肥胖 | 抑制体内炎症 |

发酵食品对身体有哪些益处？

纳豆

最具代表性的发酵食品，含有较强抗氧化作用的维生素E、能强健骨骼的大豆异黄酮等各种有益健康长寿的营养成分。

腌菜（辣白菜、米糠腌菜、雪菜等）

植物性的发酵食品对胃酸有较好的耐性，抵达肠道时仍具有活性成分。日常饮食中摄入经过乳酸充分发酵的腌菜，简单又方便，值得尝试。

味噌

不仅富含有益菌，其原料大豆还富含膳食纤维，能为有益菌提供食物，所以还具有促进有益菌增殖的作用，效果更显著。

用有益菌的力量激活免疫细胞

要改善肠道环境，除了蔬菜中的膳食纤维与植化素，"发酵食品"也发挥着重要的作用。具有代表性的发酵食品有酸奶与纳豆。除此之外，日本人日常饮食中常见的味噌、酱油、白醋、日本酒、米糠腌菜等都是发酵食品大家庭的成员。这些食物中富含广为人知的有益菌——乳酸菌，能帮助肠道内的有益菌群处于优势。多多摄入这类食物，一起保持肠道健康吧。

有益菌的代表选手！
如何巧妙摄入乳酸菌？

乳酸菌是
……

- 肠道分泌乳酸、醋酸，防止有害菌的固化与增殖
- 保持肠道运作正常，改善腹泻或便秘问题

酱油、纳豆、味噌、腌菜等
发酵食品中的乳酸菌

适合亚洲人的   抵达肠道时
肠胃   仍能保持活性

这些发酵食品
能强化亚洲人的肠道！

酸奶

不同酸奶含有不同的乳酸菌种。挑选时，不妨尝试两周左右，如果排便有明显改善，就是适合自己的菌种。

奶酪

奶酪也是具有代表性的发酵食品。推荐选择未经加热处理的天然奶酪。其中的鲜味成分谷氨酸具有强健小肠的作用。

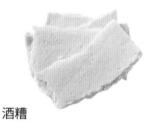

酒糟

酿造酒榨取后剩下的残渣就是酒糟。酒糟除了具有发酵食品的优点，还富含膳食纤维，而且还有温暖身体的功效。

甜曲、盐曲

将甜酒曲或在甜麦曲、米曲中加入盐发酵制成的盐曲当调味料使用，不仅可以让餐品更鲜美，还能提升保健功效。

　　相较于动物性的发酵食品，植物性的发酵食品对胃酸的耐性更好，在到达肠道时依然能保持活性。米糠腌菜与纳豆能在肠道中有效地发挥作用。当然，动物性发酵食品酸奶或奶酪，如果选择适合自己的菌种，也能在到达肠道时保持活性。即便达到肠道时已经失去活性，它们也能作为有益菌的食物，起到改善肠道环境的作用，不会浪费。如果希望发酵食品中的乳酸菌能发挥更强的作用，可以配合摄入乳酸菌喜欢的食物——低聚糖。大豆、洋葱、牛蒡中就富含这种物质。

肠道健康状态自测表

请在符合的项目前打 ✔

☐ 生活作息不规律	☐ 精神压力较大
☐ 容易疲劳	☐ 蔬菜摄入不足
☐ 运动不足	☐ 脂肪摄入过量
☐ 有吸烟习惯	☐ 糖类摄入过量
☐ 经常熬夜	☐ 腹部寒凉
☐ 经常饮酒	☐ 睡眠不足

结果如何?

这些都是容易导致肠道中
有害菌占优势的不良生活习惯。
12项中超过3项符合,
就应调整生活习惯。

长寿汤的
基本食材③

带骨头的肉类、鱼类对身体有哪些益处？

鸡翅中、鸡翅*、鸡翅根

鸡肉富含蛋白质、维生素A等，是能温暖身体又容易消化的食材之一。为了便于进食，可以将鸡翅中对半切开。

*包含翅中和翅尖。

猪排骨

猪肉蛋白质中的氨基酸含量均衡，蛋白质利用效率高。维生素B_1含量丰富，能将糖类快速转化为能量，有助于缓解疲劳。

骨头中溶出的胶质能带来年轻光彩！

有研究表明，全世界最长寿的地区是中国香港。据说，香港人之所以健康长寿，是因为他们常喝老火鸡汤。从中医的角度看，鸡汤是非常滋补的食物。除了鸡汤，带骨的肉类与鱼炖煮而成的"骨头汤"广受运动员与女演员的青睐，因为它具有美容养颜和保持身体健康的作用。

可以喝的美容液，名流也爱喝！
什么是骨头汤？

一次性摄入多种营养成分

能充分摄入日常饮食中容易摄取不足的钾、磷、钙、镁等各种矿物质与维生素，有抗疲劳功效。

减肥也能喝

能摄入维持健康所必需的营养又不会热量超标，在进行减糖等饮食控制时也能放心喝。

汤中胶原蛋白满满，美容又养颜

大量胶原蛋白从肉骨头中溶入汤里，有美肤、美发的双重效果！

改善"肠漏症"

对肠道壁上出现小孔的"肠漏症"也有改善效果，详见后文第17页。

> 骨头汤也是美国的传统佳肴，
> 是一道将带骨头的肉与蔬菜慢炖而成的汤菜，
> 与中国的老火鸡汤有着异曲同工之处。
> 日本人向来喜欢喝用鱼头、鱼杂等熬制而成的鱼杂汤。

免疫专家每天必喝的长寿汤

鱼头、鱼杂

鱼头、鱼杂部分经过熬煮，骨头中会释放出丰富的营养成分与鲜味物质，非常适合炖汤。而且鱼杂价格便宜，推荐在日常饮食中积极利用这类食材。

青背鱼
(青花鱼、沙丁鱼、秋刀鱼、竹荚鱼)

除了鱼骨中的有效成分，这些鱼类的一大特点是它们还富含DHA、EPA等不饱和脂肪酸。DHA有助于降低胆固醇与甘油三酯，而EPA则有助于降低血液黏稠度。

　　我从两三年前开始喝用带骨肉与蔬菜煮制而成的汤菜。这种汤里不仅有鱼和肉中的蛋白质与蔬菜中的膳食纤维，还富含包括水溶性膳食纤维在内的、现代人容易摄取不足的重要营养成分。从骨头中析出的胶质还有修复肠黏膜的功效。胶质中的胶原蛋白可以强健骨骼与筋腱，保持皮肤与头发的年轻美丽，对改善皮肤松弛与皱纹也有效果，简直就是为长寿而生的超级美食。

　　食材本身就含有大量鲜味物质，只要简单调味就鲜美无比。赶快来尝试一下优点数不尽的长寿汤吧！

> 70%的现代日本人的
> 肠道在向外漏出异物?
> 什么是"肠漏症"?

原因是日常
饮食与精神
压力!

肠道细菌不足等多种原因
造成肠道虚弱

现代的饮食习惯让肠黏膜不堪重负。

出现肠漏

小肠的黏膜上出现无数的"小孔"

原本不会流出的毒素、细菌以及未消化的
食物残渣侵入血液。

> 引发多种不适与疾病

食物过敏、哮喘、免疫力低下、动脉硬化、
糖尿病、自体免疫性疾病、抑郁症、皮肤粗糙、
花粉症等过敏反应、腹泻或便秘、失眠、关节炎、
风湿、慢性疲劳、腹痛、腹胀等。

免疫专家每天必喝的长寿汤

超快手!
只要倒入热水!

忙碌时的1人份
快手长寿**热**汤

热

热

梅干木鱼花海苔汤

时间
1分钟

热量	18 千卡
蛋白质	3.1 克
含糖量	0.9 克
盐分	2.0 克

食材与做法(1人份)

日式梅干1个、木鱼花3克、大片烤海苔
1/2片(撕碎)、鸭儿芹4~5根(切末)、酱
油少许。将食材放入碗中,倒入3/4杯
热水。

小银鱼海带丝汤

时间
1分钟

热量	20 千卡
蛋白质	2.9 克
含糖量	1.4 克
盐分	0.8 克

食材与做法(1人份)

小银鱼干10克(泡发)、海带丝4克(切
碎)、小葱1/3根(切葱花)、酱油少许。将
食材放入碗中,倒入3/4杯热水即可。

18

太忙太累、连走进厨房都觉得麻烦时，
不妨尝试只要倒入热水或冷水就能
轻松完成的1人份快手汤。
本篇介绍口感清爽的冷热各4款长寿汤。

＊品尝后，可根据个人喜好自行调味。分量均为1人份。

热

热

金枪鱼碎芝麻汤

时间 1分钟	热量	75 千卡
	蛋白质	14.0 克
	含糖量	1.8 克
	盐分	1.5 克

（食材与做法（1人份））

金枪鱼生鱼片 (红肉) 50克、大葱5厘米
(切末)、白芝麻碎1大勺、酱油1/2大勺。
将食材放入碗中，倒入3/4杯热水。最后
点上少许芥末。

盐渍海带番茄绿茶汤

时间 1分钟	热量	15 千卡
	蛋白质	1.4 克
	含糖量	3.1 克
	盐分	0.9 克

（食材与做法（1人份））

盐渍海带5克、番茄 (切成适口大小) 1/4
颗 (50克)、干欧芹和白胡椒碎少许。将
食材放入碗中，倒入3/4杯热绿茶。

19

忙碌时的1人份
快手长寿冷汤

冷

冷

番茄西班牙冷汤

时间 1分钟		
	热量	57 千卡
	蛋白质	1.4 克
	含糖量	1.6 克
	盐分	0.1 克

食材与做法 (1人份)

番茄丁罐头50克, 干牛至、干百里香、辣椒粉各少许。将食材放入碗中, 倒入1/2杯冷水。最后加入奶酪粉、橄榄油各1小勺。

腌咸菜酸奶汤

时间 1分钟		
	热量	129 千卡
	蛋白质	9.5 克
	含糖量	6.1 克
	盐分	1.1 克

食材与做法 (1人份)

腌咸菜20克(切碎)、金枪鱼罐头(水浸)30克、小茴香粉少许。将食材放入碗中, 倒入1/2杯原味酸奶。最后倒入橄榄油1/2小勺, 点缀杏仁3粒(切碎)。

冷

冷

裙带菜梗豆奶汤

时间 1分钟		
热量	78 千卡
蛋白质	5.9 克
含糖量	5.6 克
盐分	0.6 克

(食材与做法 (1人份))

裙带菜梗1/2盒 (20克)、萝卜苗 (切成适口大小) 1/4盒 (10克)。将食材放入碗中,倒入3/4杯原味豆奶。最后点上少许芥末。

辣味小银鱼干绿茶汤

时间 1分钟		
热量	71 千卡
蛋白质	7.1 克
含糖量	1.6 克
盐分	2.5 克

(食材与做法 (1人份))

米糠腌菜 (黄瓜、胡萝卜、芜菁等) 30克 (切丁)、油豆腐片1/2片 (烤至焦黄后切丝)、小银鱼干 (辣味) 10克、酱油少许。将食材放入碗中,倒入3/4杯放凉的绿茶。

21

材料的分量一般为2人份。也有部分食谱出于大量制作更容易处理或减少食材浪费等原因,设定为方便制作的分量。

食谱名、菜品风味与制作方法等标记在此。

制作时大致所需的时间。食材的浸泡、放凉等静置时间不计入制作时长。

此处标记1人份的热量、蛋白质、含糖量、盐分含量。正在进行饮食控制或有肥胖问题的读者可参考这里的数值。

食材基本以主食材、配菜、调料的顺序罗列。请在采购时参考本栏。

制作方法基本分2~4步,不需要复杂的烹饪技术。

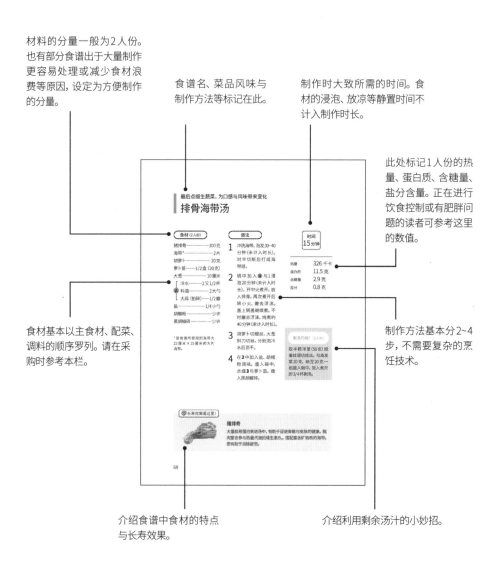

最后点缀生蔬菜,为口感与风味带来变化

排骨海带汤

食材 (2人份)

猪排骨	300克
海带	2片
胡萝卜	20克
萝卜苗	1/2盒 (20克)
大葱	10厘米
A 冷水	2又1/2杯
料酒	2大勺
大蒜 (拍碎)	1/2瓣
盐	1/4小勺
胡椒碎	少许
黑胡椒碎	少许

* 笔者本书所使用的海带为22厘米×15厘米的大片海带。

做法

1 冲泡海带,泡发30~40分钟(未计入时长)。对半切断后打成海带结。

2 锅中加入 A 与1浸泡20分钟(未计入时长)。开中火煮开,放入排骨,再次煮开后转小火,撇去浮沫。盖上锅盖继续煮,不时撇去浮沫,炖煮约40分钟(未计入时长)。

3 胡萝卜切细丝,大葱斜切刀切丝,分别泡冷水后沥干。

4 在2中加入盐、胡椒粉调味。盛入碗中,点缀3与萝卜苗。撒入黑胡椒碎。

时间
15分钟

热量	326千卡
蛋白质	11.5克
含糖量	2.9克
盐分	0.8克

剩汤巧用!(1人份)

取半颗洋葱(50克)沿着纹理切成丝。与海发芽20克、纳豆20克一起盛入碗中,加入煮沸的3/4杯剩汤。

长寿效果看这里!

猪排骨

大量胶原蛋白能促进汤汁的溶出,有助于促进骨骼与皮肤的健康。猪肉富含参与能量代谢的维生素B1。搭配富含矿物质的海带,更有助于消除疲劳。

88

介绍食谱中食材的特点与长寿效果。

介绍利用剩余汤汁的小妙招。

● 1杯=200毫升,1大勺=15毫升,1小勺=5毫升。
● 未作特别说明时,省略洗菜、去皮等基本的食材处理步骤。
● 为了增加鲜味与矿物质,一些食谱中使用了海带熬成的高汤。出锅时可以将海带挑出,也可根据个人喜好作为配菜食用。
● 如果"食材"一栏中出现"高汤",可以使用木鱼花或海带熬出高汤,也可以使用市售的高汤块或颗粒高汤。

第2章

蔬菜

长寿汤

用生姜为清甜温润的汤提味

卷心菜小银鱼生姜汤

食材（2人份）

卷心菜……… 1/4颗 (250克)

小银鱼干…………………20克

生姜 (切末)……1/2片 (5克)

大蒜 (拍碎)…………… 1/2瓣

橄榄油………………1/2大勺

高汤………………………2杯

盐…………………1/4小勺

胡椒粉……………………少许

做法

1 卷心菜切成2~3厘米见方的块状。

2 在锅中加入橄榄油与大蒜，开中火爆香，加入卷心菜翻炒。

3 加入高汤煮开，转中小火煮至卷心菜变软。加入盐、胡椒粉调味。盛入碗中，用生姜末与小银鱼点缀。

时间
15分钟

热量	72 千卡
蛋白质	4.1 克
含糖量	5.0 克
盐分	1.1 克

✅长寿效果看这里！

卷心菜+小银鱼+生姜

卷心菜中富含膳食纤维，能增加肠道有益菌，有一定的预防癌症效果。小银鱼干能促进DHEA的分泌，这种物质有助于提高燃脂效率、预防糖尿病。生姜则能驱除万病之源——寒气。

蔬菜长寿汤

咸鲜的凤尾鱼让汤更醇美

茄子凤尾鱼番茄汤

食材（2人份）

茄子………… 2根（150克）
洋葱……… 1/4颗（50克）
彩椒（红）…1/2个（80克）
大蒜（拍碎）…………1/2瓣
凤尾鱼……… 2条（10克）
香叶…………………1/2片
橄榄油………………1大勺
┌ 热水………1又1/4杯
A 番茄丁罐头 …… 150克
└ 盐…………………1/4小勺
欧芹（切碎）…………少许

做法

1 茄子、洋葱、彩椒切成1厘米见方的小丁。凤尾鱼切碎。

2 锅中加入橄榄油与大蒜，开中火爆香，再加入茄子、洋葱、彩椒煸炒至变软。加入凤尾鱼、香叶继续翻炒。

3 倒入 A 煮开，撇去浮沫，转中小火煮7~8分钟。盛入碗中，撒入欧芹碎。

时间
15分钟

热量	120 千卡
蛋白质	3.5 克
含糖量	9.1 克
盐分	1.3 克

☑长寿效果看这里！

茄子

茄子中的花青素具有较强的抗氧化作用，能预防癌症、提高免疫力和抗衰老。大蒜也有预防癌症的效果。用于点缀的欧芹则含有矿物质钾，能预防高血压，请多撒一些吧！

蔬菜长寿汤

咖喱粉浓香诱人，治愈人心的味道

洋葱咖喱牛奶汤

食材 (2人份)

洋葱…1又1/4颗 (250克)
橄榄油······················1大勺
咖喱粉················1/2小勺
高汤·············1又1/2杯
香叶····················1/2片
牛奶·················1/2杯
盐······················1/4小勺
胡椒粉·················少许
小葱 (切葱花)·········少许

做法

1 洋葱顺着纹理切成丝。

2 锅中加入橄榄油，开中火热锅，加洋葱煸炒至变软。撒入咖喱粉继续翻炒。

3 倒入高汤，加入香叶煮开，撇去浮沫，转中小火煮7~8分钟。加入牛奶稍煮片刻，加入盐、胡椒粉调味。盛入碗中，撒入葱花。

时间
15分钟

热量	142 千卡
蛋白质	3.8 克
含糖量	11.6 克
盐分	0.8 克

长寿效果看这里！

洋葱

洋葱中的二硫化丙基丙烯具有降低血液黏稠度的效果，经过加热后会转变为能预防血栓与动脉硬化的成分。咖喱粉中的香辛料能温暖身体，促进血液循环。

蔬菜长寿汤

幽幽花椒清香，汤头口感丝滑

胡萝卜奶油浓汤

食材 (2人份)

胡萝卜………1/2根 (75克)
洋葱…………1/4颗 (50克)
培根…………1片 (20克)
橄榄油…………1/2大勺
香叶……………1/2片
A ⌈ 冷水…………1又1/4杯
  ⌊ 海带*……………2片
B ⌈ 盐……………1/5小勺
  ⌊ 胡椒粉、花椒粉
              各少许
花椒嫩叶……………4片

* 若未作特殊说明, 本书食谱中所用的海带均为3厘米见方的小片海带。

做法

1 将 A 混合, 浸泡20分钟。胡萝卜切成3~4毫米厚的半圆薄片, 洋葱顺着纹理切成丝。培根切细条。

2 锅中加入橄榄油, 开中火热锅, 加入培根翻炒, 炒出油脂后加入洋葱, 煸炒至变软。再加入胡萝卜继续翻炒, 直至油脂变色。

3 加入 A 、香叶煮开, 加盖转中小火煮20~25分钟。关火放凉 (未计入时长), 挑出海带与香叶, 用料理机打至顺滑。

4 倒回锅中, 加入牛奶烧热。加入 B 调味, 倒入碗中, 点缀上花椒嫩叶。

时间
60分钟

热量	134 千卡
蛋白质	3.7 克
含糖量	8.3 克
盐分	1.0 克

✓ 长寿效果看这里!

胡萝卜

胡萝卜富含β-胡萝卜素。这种成分具有较强的抗氧化作用, 还有预防癌症和提高免疫力的功效。与油脂一起烹饪能提高β-胡萝卜素的吸收率。另外, 胡萝卜表皮中的β-胡萝卜素含量更高, 带皮食用效果更好。

香草为个性十足的牛蒡增添风味

牛蒡香草汤

时间
50分钟

热量	110 千卡
蛋白质	1.7 克
含糖量	8.6 克
盐分	1.2 克

食材 (2人份)

牛蒡……………2/3根 (120克)

A ┌ 冷水…………………2杯
  └ 海带…………………2片

橄榄油………………… 1/2大勺

B ┌ 大蒜 (拍碎)…………1/2瓣
  │ 百里香………………1根
  │ 干牛至………………1小勺
  │ 干罗勒………………1小勺
  └ 莳萝…………………1/2小勺

盐……………………… 1/3小勺

做法

1 将 Ⓐ 混合,浸泡20分钟。牛蒡切成4厘米长的段。

2 锅中加入橄榄油与 Ⓑ,开中火爆香,加牛蒡翻炒至外皮焦黄。

3 加入 Ⓐ 煮开,加盖转中小火煮20~30分钟。最后加入盐调味。

☑ 长寿效果看这里!

牛蒡+香草

+ 牛蒡中含有丰富的膳食纤维,可以预防癌症与动脉硬化。有研究表明,牛蒡中的牛蒡子苷元具有预防老年痴呆的作用。而香草则有清除活性氧的功效。

加入蓝纹奶酪，味道更具冲击力

蓝纹奶酪花椰菜汤

时间
25分钟

热量	74 千卡
蛋白质	5.6 克
含糖量	4.2 克
盐分	1.1 克

食材 (2人份)

花椰菜············1/4 颗 (150 克)

蓝纹奶酪···················20 克

洋葱··············· 1/4 颗 (50 克)

A ⎡ 高汤·····················2 杯

　 大蒜 (拍碎)············1/2 瓣

　 ⎣ 香叶·····················1/2 片

B ⎡ 盐·····················1/4 小勺

　 胡椒粉··················少许

　 ⎣ 干百里香···············少许

做法

1 花椰菜分成小朵，洋葱切粗粒。

2 锅中加入 A 与 **1** 煮开，转中小火并撇去浮沫。加盖煮 10~15 分钟。

3 加入 B 调味，关火。将奶酪撕碎后撒入。

长寿效果看这里！

花椰菜

花椰菜中含有木糖醇。这种成分是肠道细菌的食物，能增加有益菌，搭配发酵食品奶酪，进一步提升肠道活力。

酒糟让汤头浓稠，菌菇让人鲜掉眉毛

菌菇酒糟杂烩羹

食材 (2人份)

灰树花⋯⋯⋯⋯1盒 (100克)

杏鲍菇⋯⋯⋯⋯1盒 (100克)

蟹味菇⋯⋯⋯⋯1盒 (100克)

洋葱⋯⋯⋯⋯1/4颗 (50克)

胡萝卜⋯⋯⋯1/5根 (30克)

西蓝花⋯⋯⋯⋯2朵 (30克)

橄榄油⋯⋯⋯⋯⋯⋯1大勺

高汤⋯⋯⋯⋯⋯1又1/2杯

酒糟⋯⋯⋯⋯⋯⋯⋯50克

牛奶⋯⋯⋯⋯⋯⋯⋯1/2杯

盐⋯⋯⋯⋯⋯⋯⋯1/5小勺

胡椒粉⋯⋯⋯⋯⋯⋯⋯少许

做法

1 酒糟撕成小块，用牛奶化开。菌菇全部切成小块。洋葱、胡萝卜切成小丁。西蓝花分成小朵，焯水。

2 锅中加入橄榄油，开中火热锅，加入菌菇翻炒至出水。将水分炒干后加入洋葱、胡萝卜继续翻炒。

3 加入高汤煮开，转小火煮4~5分钟。倒入化好的酒糟，加入盐、胡椒粉调味。最后加入西蓝花稍煮片刻。

时间 20分钟

热量	197 千卡
蛋白质	10.9 克
含糖量	12.4 克
盐分	0.7 克

✅ 长寿效果看这里！

菌菇+酒糟

菌菇类都富含膳食纤维。菌菇中所含的膳食纤维之一β-葡聚糖能直接作用于肠道中的免疫细胞，提升免疫力。发酵食品酒糟也有增加有益菌、改善肠道环境的效果。

关火后再加白醋，更酸爽

滑子菇豆腐酸辣汤

时间
10分钟

热量	127 千卡
蛋白质	8.3 克
含糖量	3.4 克
盐分	0.5 克

食材 (2人份)

滑子菇·····1/2袋 (50克)
北豆腐···1/2块 (150克)
豆苗········1袋 (100克)
大蒜 (拍碎)········1/2瓣
红辣椒 (去籽)·······1根
芝麻油·········1/2大勺

Ⓐ [高汤········1又1/2杯
  [料酒·············1大勺
Ⓑ [盐、胡椒粉···各少许
  [白砂糖·······1/4小勺
白醋·············1大勺
辣椒油·············少许

做法

1 锅中加入芝麻油、大蒜、红辣椒，开中火爆香，加豆苗翻炒至断生，加入捏成小块的豆腐，继续翻炒。

2 加入 Ⓐ 煮开，加入滑子菇煮1~2分钟。加入 Ⓑ 调味，关火。加入白醋、辣椒油。

长寿效果看这里！

滑子菇+白醋

醋能促进肠道蠕动，增加有益菌。搭配富含膳食纤维的滑子菇，能保护肠道健康。红辣椒和辣椒油具有促进新陈代谢的功效。

口蘑的鲜美与百里香的清香是绝配

口蘑汤

时间
20分钟

热量	106 千卡
蛋白质	5.5 克
含糖量	2.6 克
盐分	0.4 克

食材（2人份）

口蘑	200 克
橄榄油	1大勺

A ⎡ 高汤 …… 1又3/4杯
  ⎢ 香叶 …… 1/2片
  ⎣ 百里香 …… 少许

牛奶	1/2杯
盐、胡椒粉	各少许
百里香（装饰用）	少许

做法

1 口蘑切成薄片。

2 锅中加入橄榄油，开中火热锅，加入**1**翻炒至出水。充分翻炒将水分炒干后加入 Ⓐ 煮开，撇去浮沫，转中小火煮10分钟。

3 加入牛奶稍煮片刻，加入盐、胡椒粉调味。盛入碗中，放上百里香点缀。

✅长寿效果看这里！

口蘑+百里香

口蘑是富含膳食纤维的食材之一，能调理肠道环境，提升免疫力。百里香具有较强的抗氧化作用，是抗癌食物金字塔的上榜食材。请在日常饮食中积极地摄入它们吧！

各种蔬菜不仅口感脆韧，还能预防老年痴呆

羊栖菜牛蒡胡萝卜汤

食材 (2人份)

羊栖菜 (干)…………5克
牛蒡………1/3根 (60克)
胡萝卜…………10克
红辣椒 (去籽)………1根
芝麻油…………1/2大勺
A [白砂糖………1/2小勺
  [酱油………1小勺
高汤…………1又3/4杯
荷兰豆……10片 (20克)
盐、熟白芝麻………各少许

做法

1 羊栖菜泡发后沥干 (未计入时长)。牛蒡、胡萝卜切丝，荷兰豆去筋后切丝。

2 锅中加入芝麻油、红辣椒，开中火热锅，加入羊栖菜、牛蒡、胡萝卜煸炒至变软。依次加入 A 翻炒片刻。

3 加入高汤煮开，撇去浮沫，转中小火煮5~6分钟。加入荷兰豆稍煮片刻，加入盐调味。盛入碗中，撒入芝麻。

时间
15分钟

热量	71 千卡
蛋白质	2.4 克
含糖量	5.0 克
盐分	0.9 克

✅长寿效果看这里！

羊栖菜+牛蒡+胡萝卜

 +  +

羊栖菜不仅富含膳食纤维，还含有多种有助于人体保持健康的矿物质。除此之外，日常饮食中容易摄取不足的钙质与维生素A的含量也很丰富。搭配富含膳食纤维的牛蒡和胡萝卜，能保持肠道健康，提高免疫力。

简单调味，清爽适口

裙带菜猪肉萝卜泥汤

时间
15分钟

热量	131 千卡
蛋白质	20.1 克
含糖量	1.8 克
盐分	1.5 克

食材（2人份）

裙带菜（干）…………… 5克
猪里脊……………… 150克
白萝卜……………… 200克
高汤…………… 1又1/2杯
生姜…………… 4片（40克）
A ⎡ 盐、酱油……各1/5小勺
  ⎣ 胡椒粉…………… 少许

做法

1 裙带菜泡发后沥干（未计入时长）。白萝卜磨成泥，稍稍拧去部分汁水。猪里脊切片。

2 锅中加入高汤煮开，放入猪肉片、生姜片中火煮7~8分钟。加入裙带菜，放入Ⓐ调味。加入白萝卜泥稍煮片刻。

✅长寿效果看这里！

裙带菜+白萝卜
裙带菜富含膳食纤维与矿物质，推荐积极摄入。裙带菜中的维生素A含量也很可观，具有较强的抗氧化作用。白萝卜泥有助于增加消化酶，改善肠胃功能。搭配猪肉，味道鲜美，饱腹感也更强。

海苔充满大海的气息，生姜辛辣提味

海苔豆腐生姜汤

时间
10分钟

热量	53 千卡
蛋白质	5.4 克
含糖量	2.0 克
盐分	0.5 克

食材 (2人份)

烤海苔·····················2片
北豆腐·······1/3块 (100克)
生姜 (切末)·····2片 (20克)
高汤·················1又1/2杯
Ⓐ ┌ 味啉 (日式甜料酒)
　 │ ·················1/2小勺
　 └ 酱油··············1/3小勺
盐·····················少许

做法

1 海苔撕成小块。豆腐切1厘米见方的小块。

2 锅中加入高汤与豆腐，开中火热锅，开始沸腾后，加入海苔、姜末。海苔变软后，加入Ⓐ调味。

✅长寿效果看这里！

烤海苔

海苔富含水溶性膳食纤维，不仅能改善便秘，预防肥胖，还能保护肠道健康，提高免疫力。而且维生素、矿物质含量也很丰富。豆腐中的蛋白质则含有能将引发肥胖的物质转化为能量的成分。

蔬菜长寿汤

大葱清甜柔和，香草芬芳令人食欲大增

番茄香草汤

时间
10分钟

热量	75 千卡
蛋白质	2.4 克
含糖量	7.7 克
盐分	0.6 克

食材（2人份）

番茄·········1大颗（250克）
大葱··············1根（80克）
大蒜（拍碎）···········1/2瓣
干百里香··············少许
干牛至···············1/2小勺
橄榄油···············1/2大勺
高汤···············1又1/2杯
盐·················1/5小勺
留兰香················少许

做法

1 番茄切适口大小。大葱切成2厘米长的段。

2 锅中加入芝麻油、大蒜，开中火热锅，再放入大葱、牛至、百里香翻炒。炒出香味后加入番茄继续翻炒。

3 加入高汤煮开，加入盐调味。盛入碗中，点缀上留兰香。

✅长寿效果看这里！

番茄+香草

番茄中的番茄红素不仅具有较强的抗氧化作用，还能促进新陈代谢，抑制体内甘油三酯的增加。香草除了能增香提味，还能清除活性氧。另外，百里香与牛至搭配番茄，风味也非常和谐。

出锅淋入芝麻油，增香提味

菠菜木耳蛋花汤

时间
10分钟

热量	84 千卡
蛋白质	5.9 克
含糖量	1.2 克
盐分	1.0 克

食材（2人份）

菠菜……………1/2把（100克）

木耳（干）………………4克

鸡蛋……………………1个

Ⓐ ⌈ 高汤………………2杯
  ⌊ 大蒜（切片）………1/2瓣

Ⓑ ⌈ 盐、酱油………各1/4小勺
  ⌊ 胡椒粉………………少许

芝麻油…………………1小勺

做法

1 菠菜焯水后沥干，稍稍拧干后切成3~4厘米长的段。木耳泡发后沥干（未计入时长），切成适口大小。

2 锅中加入Ⓐ开中火煮开，加入**1**再次煮开后煮2~3分钟。加入Ⓑ调味。

3 淋入打好的蛋液，待蛋花成型后关火，淋入芝麻油。

✅长寿效果看这里！

菠菜

菠菜富含β-胡萝卜素、叶绿素等具有较强抗氧化作用的成分以及膳食纤维。木耳同样富含膳食纤维。搭配鸡蛋这一人体必需氨基酸含量十分均衡的食材，有助于提升长寿力。

充分利用鲜美的罐头汤汁，风味更浓郁

白菜三文鱼汤

时间
25分钟

热量	203 千卡
蛋白质	23 克
含糖量	2.8 克
盐分	0.8 克

食材（2人份）

白菜 …………3片（250克）

三文鱼罐头（水浸）

…………1大罐（200克）

Ⓐ ┌ 高汤 …………1又1/2杯
  │ 白葡萄酒 …………2大勺
  │ 香叶 …………1/2片
  └ 干百里香 …………少许

盐、胡椒粉 …………各少许

欧芹（撕碎）…………少许

做法

1 白菜切成3~4厘米的块状。

2 锅中加入 Ⓐ 煮开，放入白菜，将罐头里的鱼肉和汤汁一起倒入锅中，再次煮开后转中小火煮，加盖煮14~15分钟。

3 加入盐、胡椒粉调味，撒入欧芹碎稍煮片刻。

✅长寿效果看这里！

白菜

白菜中的异硫氰酸盐具有预防动脉硬化和癌症的功效。不仅如此，白菜中还富含钾与维生素C，能促进体内多余盐分的排出。以上这些都是水溶性成分，连汤一起享用能更有效地摄入这些植化素。

自然浓稠，顺滑美味

帝王菜牛肉牛奶汤

时间
15分钟

热量	**201** 千卡
蛋白质	**12** 克
含糖量	**5.1** 克
盐分	**1.4** 克

食材 (2人份)

帝王菜·················1袋 (50克)
洋葱···························1/4颗
牛肉片························100克
大蒜 (拍碎)···············1/2瓣
橄榄油·····················1/2大勺
┌ 热水·················1又1/4杯
Ⓐ 香叶·······················1/2片
└ 干百里香·················少许
牛奶···························1/2杯
盐····························1/2小勺
胡椒粉·························少许

做法

1 帝王菜摘取叶子，切成1~2厘米长的段。洋葱顺着纹理切成丝。

2 锅中加入橄榄油、大蒜，开中火爆香，加入牛肉炒至变色。加入**1**，炒至变软。

3 加入 Ⓐ 煮开，撇去浮沫，转中小火煮4~5分钟。加入牛奶煮热，最后加入盐、胡椒粉调味。

✅ 长寿效果看这里！

帝王菜

除了含有较强抗氧化作用的β-胡萝卜素，帝王菜独特的黏液中所含的黏蛋白与甘露多糖还有抑制血糖与胆固醇的作用。

用鸡肝烤串轻松制作有益身体的汤

西洋菜鸡肝汤

时间
10分钟

热量	59 千卡
蛋白质	7.3 克
含糖量	3.9 克
盐分	0.9 克

食材 (2人份)

西洋菜…………2把 (120克)

鸡肝烤串 (酱汁味)

………………2串 (60克)

番茄…………1/4颗 (50克)

Ⓐ ┌ 大蒜 (拍碎)……1/2瓣
　 └ 高汤…………1又1/2杯

盐………………………少许

白胡椒碎 ………………少许

做法

1 西洋菜切成3~4厘米长的段。番茄切成小丁。烤串去掉竹签，将鸡肝切成7~8毫米的厚片。

2 锅中加入 Ⓐ 煮开，放入鸡肝中火煮2~3分钟。加入西洋菜煮至变软，加入盐、番茄稍煮片刻，撒入胡椒碎。

✅长寿效果看这里！

西洋菜+番茄

西洋菜是十字花科植物，具有预防癌症的效果。其富含β-胡萝卜素，搭配番茄中的番茄红素，有较强的抗氧化作用，可以预防衰老。再搭配富含叶酸的鸡肝，进一步提升保健功效。

带壳虾煮出浓郁的鲜辣汤头

秋葵鲜虾小扁豆辣汤

时间
20分钟

热量	136 千卡
蛋白质	12.1 克
含糖量	8.5 克
盐分	0.8 克

食材（2人份）

秋葵·················10根（100克）
虾（带壳）········10小只（80克）
小扁豆···························30克
大蒜（拍碎）················1/2瓣
橄榄油······················1/2大勺
⎡ 辣椒粉·················1/2小勺
Ⓐ 辣椒··························少许
⎣ 香叶························1/2片
高汤·······························2杯
盐································1/5小勺

做法

1 秋葵对半切成段。虾去头后开背去虾线。

2 锅中加入橄榄油、大蒜，开中火爆香，加入**1**翻炒。虾变色后加入Ⓐ继续炒匀。

3 加入高汤煮开，撇去浮沫，加入小扁豆。转中小火煮10分钟至豆子变软，加入盐调味。

✅长寿效果看这里！

秋葵

秋葵富含水溶性膳食纤维，能促进生成保护肠道健康的短链脂肪酸。搭配无须泡发、烹饪方便的小扁豆，饱腹感十足。

47

豆奶风味醇厚，香脆的坚果让口感更丰富

豆奶山药泥汤

时间
10分钟

热量	225 千卡
蛋白质	12.1 克
含糖量	21.4 克
盐分	1.0 克

食材 (2人份)

山药·······················150克
金枪鱼罐头 (水浸)
·······················1小罐 (55克)
高汤······················3/4杯
原味豆奶···················1/2杯
⎡ 鱼露·····················1小勺
Ⓐ 白砂糖···················1/4小勺
⎣ 蒜泥·······················少许
香菜·························少许
彩椒 (红)····················少许
花生 (切碎)················5~6粒

✅ 长寿效果看这里！

做法

1 山药去皮, 在加白醋 (未计入食材内) 的水中浸泡20分钟 (未计入时长), 冲洗后拭干水分。

2 山药擦泥, 加入沥干汤汁的金枪鱼罐头拌匀。加入高汤、豆奶混合。加入 Ⓐ 调味。

3 盛入碗中, 点缀香菜、彩椒和花生碎。

山药

山药富含膳食纤维, 而且可以生食, 只需磨成泥调味就是一道美味的冷汤。黏液成分黏蛋白还有促进蛋白质消化吸收的功效。

用料理机打碎，一道冷汤轻松完成

牛油果酸奶汤

蔬菜长寿汤

时间
5分钟

热量	130 千卡
蛋白质	3.2 克
含糖量	4.4 克
盐分	0.3 克

食材 (2人份)

牛油果……1/2个 (100克)

A ⌈ 原味酸奶………1/2杯
  ⌊ 冷水……………1/2杯

B ⌈ 柠檬汁…………2大勺
  ⌊ 盐、胡椒粉……各少许

甜椒粉………………少许

做法

1 牛油果切成小块，与 A 一起用料理机打至顺滑。

2 加入 B 调味，盛入碗中，撒入甜椒粉。

✓长寿效果看这里！

牛油果+酸奶

牛油果不仅富含膳食纤维，还有抗氧化作用较强的维生素E和能降低胆固醇的油酸等各种有助健康长寿的成分。搭配富含乳酸菌、能调节肠道菌群平衡的酸奶，轻轻松松做出一道美味冷汤。

适合夏季享用的冷汤，还能预防中暑

西瓜麻辣冷汤

时间
15分钟

热量	89 千卡
蛋白质	1.6 克
含糖量	16.1 克
盐分	2.4 克

食材 (2人份)

西瓜······························300 克
芜菁······················1颗 (100克)
黄瓜····················1/2根 (50克)
盐·····························1/2小勺

A
┌ 芝麻油······················1小勺
│ 盐·························1/2小勺
│ 蒜泥、红辣椒
└ ·························各少许

做法

1 西瓜去籽，切成适口大小，用料理机打至顺滑，放入冰箱冷藏（未计入时长）。

2 黄瓜部分去皮，呈条状花纹，与芜菁一起切成小滚刀块，撒盐腌制20~30分钟（未计入时长）。揉搓变软后用水冲洗并拧干汁水。

3 在**1**中加入A调味，加入**2**混合均匀。

✅ 长寿效果看这里！

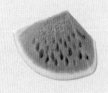

西瓜

西瓜中的瓜氨酸有助于扩张血管，促进血液循环。瓜氨酸还有很强的利尿功效。与西瓜、芜菁和黄瓜中的钾一同摄入，能帮助身体排出多余水分，消除浮肿。

第3章

发酵食品

长寿汤

辣白菜与猪肉相得益彰，半汤半菜

金针菇上海青辣白菜汤

食材 (2人份)

辣白菜·····················80克
金针菇·········1/2袋 (50克)
上海青··········1棵 (80克)
猪五花肉片··········100克
A [热水··········1又3/4杯
    料酒··············1大勺
盐·····················1/5小勺

做法

1 上海青切成适口大小。

2 锅中加入 Ⓐ 煮开，放入猪肉。再次煮开后撇去浮沫，放入金针菇、上海青稍煮片刻。

3 加入盐调味，加入辣白菜后关火。

时间
10分钟

热量	167 千卡
蛋白质	11.7 克
含糖量	3.8 克
盐分	1.5 克

✔长寿效果看这里！

辣白菜

辣白菜是富含乳酸菌的发酵食品，能增加肠道中的有益菌数量。辣椒中的辣椒素具有较强的抗氧化作用。辣白菜搭配富含膳食纤维的蔬菜、菌菇一起吃，有助于打造健康的肠道。

53

纳豆搭配牛肉，呈现浓郁醇美的鲜味

纳豆帝王菜汤

食材 (2人份)

纳豆……………1盒 (40克)
帝王菜………………20克
番茄………1/2颗 (100克)
牛肉末……………100克
大蒜 (切末)…………1/2瓣
橄榄油……………1/2大勺
酱油………………1小勺
热水…………1又3/4杯
盐、胡椒粉…………各少许

做法

1 帝王菜摘取叶子，切成小块。番茄切丁。

2 锅中加入橄榄油后开中火热锅，放入大蒜、肉末翻炒。将肉炒散后，加入酱油。

3 放入帝王菜继续翻炒，炒至变软后加入番茄、热水，煮开后加入盐、胡椒粉调味。最后放入纳豆，立刻关火。

时间
15分钟

热量	223 千卡
蛋白质	13.1 克
含糖量	4.0 克
盐分	0.8 克

✔长寿效果看这里！

纳豆+帝王菜+番茄

 +  +

纳豆富含大豆异黄酮、卵磷脂、维生素K和维生素E等，是极具代表性的健康食材。搭配富含水溶性膳食纤维、能增加有益菌的帝王菜，以及含有较强抗氧化成分番茄红素的番茄，让保健功效更显著。

辛辣的辣白菜让身体由内而外暖起来

辣白菜油豆腐汤

时间
10分钟

热量	134 千卡
蛋白质	9.3 克
含糖量	2.8 克
盐分	1.5 克

食材 (2人份)

辣白菜 ····················· 80克
油豆腐 ····················· 150克
Ａ [热水 ···············1又3/4杯
　　 浓汤宝 ···············1/2块
酱油 ·······················1/4小勺

做法

1 油豆腐焯水去油, 切成适口小块。

2 锅中加入 Ａ 煮开, 放入油豆腐中火煮 2~3分钟。加入辣白菜, 用酱油调味。

✅ 长寿效果看这里!

辣白菜

辣白菜中的乳酸菌能改善肠道环境, 而红辣椒中的辣椒素则能促进新陈代谢。油豆腐中的大豆蛋白含有 β-伴大豆球蛋白, 能促进甘油三酯转化为能量, 有助于预防肥胖。

发酵食品和黏性食材让你元气满满

纳豆秋葵裙带菜梗味噌汤

时间
10分钟

热量	88 千卡
蛋白质	7.4 克
含糖量	2.8 克
盐分	1.7 克

食材 (2人份)

纳豆·············1盒 (40克)
秋葵·············8根 (80克)
裙带菜梗········1盒 (40克)
高汤·············1又1/2杯
红味噌·········1又1/2大勺

做法

1 秋葵焯水后切小段。

2 锅中加入高汤开中火，将味噌化开后加入。煮开后加入**1**、裙带菜梗稍煮片刻，放入纳豆后立刻关火。

✅长寿效果看这里!

纳豆+秋葵+裙带菜梗

 +  +

纳豆富含多种营养成分，搭配富含膳食纤维的黏性食材秋葵，再加上裙带菜梗，能保持肠道健康，提高免疫力。调味选用有着发酵活力的红味噌，让预防疾病的效果更为显著。

盐曲咸鲜，芥末辛香

白萝卜泥豆腐盐曲汤

食材（2人份）

白萝卜·················200克
北豆腐······2/3块（200克）
盐曲·················15克
高汤··············1又1/2杯
芥末··················少许
大葱（切小圈）·······少许

做法

1 白萝卜磨成泥，稍稍沥去汁水。豆腐对半切开。

2 锅中加入高汤与豆腐煮开，转小火煮4~5分钟。

3 转中火加入盐曲、萝卜泥稍煮片刻。盛入碗中，撒入大葱，点缀上芥末。

时间
15分钟

热量	116 千卡
蛋白质	9.7 克
含糖量	5.6 克
盐分	1.4 克

✅长寿效果看这里！

盐曲+白萝卜

盐曲的发酵活力，搭配富含异硫氰酸盐、具有预防癌症效果的白萝卜。白萝卜磨成泥后生物酶增加，防癌效果进一步提升。再加上富含优质蛋白质的豆腐，保健效果更好。

牛肉的醇厚鲜味和甜菜根的独特风味相结合

甜菜根牛肉盐曲汤

时间
15分钟

热量	163 千卡
蛋白质	10.4 克
含糖量	8.8 克
盐分	1.0 克

食材 (2人份)

甜菜根 (水煮)········100 克
牛肉片·················100 克
盐曲 ·····················5 克
洋葱··········· 1/4 颗 (50克)

Ⓐ ⎡ 冷水··········1又3/4杯
   ⎢ 大蒜 (拍碎)·······1/2瓣
   ⎣ 香叶···············1/2片

做法

1 洋葱顺着纹理切成丝。甜菜根切1厘米的粗条。

2 锅中加入 Ⓐ 与洋葱煮开，放入牛肉。再次煮开后撇去浮沫，转小火煮5~6分钟。

3 加入盐曲、甜菜根后稍煮片刻。

✅ 长寿效果看这里！

+

盐曲+甜菜根

调料选用含有乳酸菌、生物酶以及能改善肠道环境的盐曲。甜菜根中含有许多有益身体健康的营养成分，其深红色来自色素成分甜菜紫宁，具有很强的抗氧化作用，还能预防癌症。可以使用水煮真空包装或罐头产品。

小鱼干也一起当菜吃，提升保健效果

西芹咖喱汤

时间
15分钟

热量	**74** 千卡
蛋白质	**5.4** 克
含糖量	**3.5** 克
盐分	**1.0** 克

食材（2人份）

西芹············1棵（100克）

小鱼干·················15克

咖喱粉··············1/2小勺

色拉油··············1/2大勺

热水···············1又1/2杯

A ┌ 甜曲·················2大勺

└ 盐···············1/4小勺

做法

1 西芹茎去筋切圆形小薄片，西芹叶切碎。

2 锅中加入色拉油与小鱼干，开小火煎至焦黄。加入咖喱粉炒匀，炒出香味后加入西芹转中火炒至变软。

3 加入热水煮开，撇去浮沫，转中小火煮4~5分钟。加入 A 调味，撒入西芹叶稍煮片刻。

✓ 长寿效果看这里！

甜曲+西芹

甜曲是用米曲制成的甜酒引子，甜曲中的植物性乳酸菌在到达肠道后依然能保持活性，有助于增加有益菌。西芹是具有较好抗癌效果的食材。西芹叶中还含有β-胡萝卜素等抗氧化物质，请连叶子一起吃吧！

酸酸甜甜的甜品汤

苹果甜汤

时间
35分钟

热量	67 千卡
蛋白质	0.5 克
含糖量	15.1 克
盐分	0.3 克

食材 (2人份)

苹果·············· 1/2个 (150克)

A ┌ 冷水·············· 1又1/2杯
  │ 甜曲·············· 3大勺
  └ 肉桂·············· 1/2根

白醋·············· 2大勺

盐、辣椒粉·············· 各少许

做法

1 苹果去皮后切成5~6毫米厚的扇形小片。

2 锅中加入 **1** 与 Ⓐ, 加盖煮开, 转小火煮20~30分钟。

3 加入白醋、盐调味, 盛入碗中, 撒入辣椒粉。

✓ 长寿效果看这里!

甜曲+白醋+苹果

醋具有促进肠道蠕动、改善便秘的功效。搭配甜曲中的乳酸菌, 能共同改善肠道环境。苹果富含抗氧化物质与多种维生素, 能抑制决定寿命的染色体端粒的减少。

享用时记得将梅干捣碎

红薯海发菜梅香酒糟汤

时间
25分钟

热量	138 千卡
蛋白质	5.7 克
含糖量	20.8 克
盐分	2.9 克

发酵食品长寿汤

食材 (2人份)

红薯·····················100 克
日式梅干········2个 (30克)
小葱···········1/3把 (30克)
海发菜···········1盒 (40克)
高汤·················1又3/4杯
酒糟·····················50 克

做法

1 酒糟撕成小块，泡入1/4杯高汤中。日式梅干用竹签扎小孔。红薯带皮切成1厘米厚的圆片，放入水中浸泡后沥干。小葱切成3厘米长的段。

2 锅中加入剩下的高汤、红薯、日式梅干，加盖煮开后中火煮10~15分钟。

3 加入**1**的酒糟调匀，稍煮片刻。最后加入小葱、海发菜。

✅长寿效果看这里！

酒糟+日式梅干

酒糟富含膳食纤维、B族维生素、叶酸等多种营养成分，是营养价值很高的食材。它是将酿酒剩下的原料榨干后制成的，发酵活力也很强。日式梅干中的柠檬酸则有助于消除疲劳。

腌菜柔和的酸味是绝佳的调料

酸白菜猪肉汤

食材（2人份）

酸白菜 ················ 100克
猪五花肉片 ········· 100克
红辣椒（去籽）········ 1根
芝麻油 ·············· 1/2大勺
热水 ················ 1又1/2杯
盐 ················· 少许

做法

1 酸白菜轻轻拧去一些汁水，切成适口大小。猪肉片切成适口大小。

2 锅中加入芝麻油、红辣椒，开中火热锅，加入猪肉炒至焦黄。再加入酸白菜翻炒片刻。

3 加入热水煮开，撇去浮沫，加入盐调味。

时间
15分钟

热量	168 千卡
蛋白质	10.4 克
含糖量	1.0 克
盐分	1.5 克

✅ 长寿效果看这里！

酸白菜

酸白菜是在白菜中加盐发酵而成的。除了膳食纤维和异硫氰酸盐，还含有丰富的植物性乳酸菌，这些物质都有助于改善肠道环境，预防癌症。猪肉则能为人体补充优质蛋白质。

韩式辣味冷汤，只需拌匀，即享健康美味！

糠渍黄瓜海发菜冷汤

食材 (2人份)

糠渍黄瓜 ········· 1/2根 (50克)

A
- 芝麻油 ············· 1小勺
- 大葱 (切末) ········· 10厘米
- 生姜 (切末) ··· 1/2片 (5克)
- 辣椒粉 ············· 1/2小勺
- 海发菜 ········· 1盒 (40克)

B
- 白醋 ··············· 1大勺
- 酱油 ··············· 1/2小勺

冷水 ·················· 1又1/4杯

做法

1 黄瓜切成小圆薄片。

2 大碗中加入1与A，充分拌匀，加入B拌开，加入冷水。

时间
5分钟

热量	41 千卡
蛋白质	1.0 克
含糖量	3.4 克
盐分	2.1 克

✔长寿效果看这里！

糠渍黄瓜+海发菜+白醋

 + +

将富含植物性乳酸菌的米糠腌菜作为汤料，搭配富含膳食纤维的海发菜，有助于改善便秘。醋也有促进肠道蠕动、改善肠道环境的效果。柔和适度的酸味还有减盐效果，推荐有高血压问题的朋友试试。

发酵食品长寿汤

雪菜的鲜美与酸味让汤更有层次感

雪菜肉末豆奶汤

时间
10分钟

热量	220 千卡
蛋白质	14 克
含糖量	4.9 克
盐分	1.2 克

食材 (2人份)

雪菜·····················30克
猪肉末···················100克
大蒜 (拍碎)···········1/2瓣
芝麻油···············1/2大勺
料酒·····················1大勺
热水····················1/2杯
原味豆奶··········1又1/4杯
盐、胡椒粉···········各少许

做法

1 雪菜切碎。

2 锅中加入芝麻油、肉末、大蒜翻炒。肉炒散后加入**1**继续翻炒。

3 淋入料酒，加入热水煮开。加入豆奶微微煮沸后加入盐、胡椒粉调味，快速关火。

✅长寿效果看这里!

雪菜

雪菜是富含植物性乳酸菌的发酵食品之一，可以为肠道增加有益菌，保护肠道健康。加入含有大豆卵磷脂、大豆皂角苷、大豆异黄酮等大豆营养成分的豆奶调成汤底，保健效果加倍。

带着清爽酸味的汤头，放凉吃也很美味

腌咸菜生菜豆腐汤

时间
10分钟

热量	120 千卡
蛋白质	6.8 克
含糖量	2.4 克
盐分	1.4 克

食材 (2人份)

腌咸菜·················30克
球生菜···············150克
北豆腐······ 2/3块 (200克)
小鱼干················10克
色拉油··············· 1大勺
高汤···········1又1/2杯
Ⓐ 「 酱油··············1/5小勺
  └ 盐、胡椒粉 ······各少许

做法

1 腌咸菜切细末。球生菜撕成适口大小。

2 锅中加入色拉油开中火热锅，加入小鱼干煎至焦黄。加入球生菜翻炒至变软，豆腐捏成小块，加入锅中继续翻炒。

3 加入高汤煮开，加入腌咸菜稍煮片刻。加入Ⓐ调味。

☑长寿效果看这里！

腌咸菜

腌咸菜的酸味源自乳酸发酵，但不少产品会加醋增酸。如果希望获得发酵食品的益处，请注意选购充分发酵制成的腌咸菜。发酵过的腌咸菜能防止有害菌在肠道内的固化和增殖。

绝妙的组合，土耳其风味冷汤

土耳其风味大蒜酸奶汤

食材 (2人份)

大蒜·······················40克
原味酸奶····················1杯
橄榄油·····················1小勺

A
┌ 热水·····················1杯
│ 白葡萄酒·················2大勺
│ 浓汤宝···················1/4块
│ 香叶·····················1/2片
└ 干百里香·················少许

盐、胡椒粉················各少许
百里香 (装饰用)···········少许

做法

1 锅中加入橄榄油、大蒜，开小火炒至大蒜微微变色。加入 A 加盖煮10~15分钟。

2 关火，挑出香叶，捣碎大蒜。待放凉后放入冰箱冷藏 (未计入时长)。

3 加入酸奶调匀，再加入盐、胡椒粉调味。盛入碗中，用百里香点缀。

时间
20分钟

热量	121 千卡
蛋白质	5.0 克
含糖量	10.0 克
盐分	0.6 克

✅长寿效果看这里！

大蒜+酸奶
美国国家癌症研究所公布的"抗癌食物金字塔"中，大蒜处于最顶端，有着最强的抗癌功效，请在日常饮食中积极摄入。酸奶是具有代表性的发酵食品，能帮助肠道保持健康，提高免疫力，带来更强有力的防癌效果。

炒透的洋葱带着温柔的甜味

奶酪焗洋葱汤

食材 (2人份)

洋葱…1又1/2颗 (300克)

格鲁耶尔奶酪 (碎粒)

……………………40克

橄榄油……………1大勺

A ┌ 热水………1又1/2杯
  │ 浓汤宝…………1/2块
  └ 香叶……………1/2片

B ┌ 蒜泥……………少许
  └ 盐、黑胡椒碎……少许

做法

1 洋葱顺着纹理尽可能切成很细的丝状。

2 锅中加入橄榄油,开中火热锅,加入**1**翻炒,将水分炒干后转小火继续翻炒20~30分钟,直至洋葱变成棕褐色。

3 加入 A,中火煮开后转中小火煮7~8分钟。加入 B 搅匀。

4 转入耐热容器,撒上奶酪,放入烤箱中烤制8~10分钟。

时间
55分钟

热量	200 千卡
蛋白质	7.1 克
含糖量	11.7 克
盐分	1.0 克

✅ 长寿效果看这里!

洋葱+奶酪

洋葱富含低聚糖。低聚糖是有益菌的食物,有助于增加肠道内的有益菌,保持肠道健康。奶酪不仅能提供优质蛋白质,还能补充容易摄入不足的钙质,是非常重要的健康食材。

加入酸奶好搭档小茴香粉与薄荷提味

缤纷酸奶汤

时间
15分钟

热量	98 千卡
蛋白质	5.0 克
含糖量	11 克
盐分	0.8 克

食材 (2人份)

彩椒 (红)…………1/4 个 (50 克)
黄瓜……………………………1根
甜玉米粒……………………50克
原味酸奶……………………1杯
⌈　盐…………………… 1/5 小勺
Ⓐ 小茴香粉……………………少许
⌊　胡椒粉……………………少许
冷水……………………………1/2 杯
薄荷叶………………………少许

做法

1 彩椒切成小丁。黄瓜竖着切成4条后再切成7~8毫米厚的片状。

2 大碗中加入彩椒、黄瓜、甜玉米粒, 放入Ⓐ拌匀, 静置10分钟。

3 加入酸奶拌匀, 加冷水调开。最后放入薄荷叶拌匀。

✅长寿效果看这里!

酸奶

酸奶做成的汤适合在早餐与午餐时享用。酸奶不仅含有乳酸菌, 还能补充钙质, 具有预防骨质疏松的功效。与之搭配的彩椒富含β-胡萝卜素和维生素C, 有抗氧化作用。

松软蛋花的柔滑口感让人欲罢不能

西式蛋花汤

时间	
10分钟	

热量	81 千卡
蛋白质	6.4 克
含糖量	1.6 克
盐分	1.0 克

食材（2人份）

奶酪粉	2大勺
鸡蛋	1个
欧芹（切末）	1大勺
A 面包糠（干）	1大勺
白葡萄酒	1小勺
B 热水	2杯
浓汤宝	1/2块
盐、胡椒粉	各少许

做法

1 混合 **A**。

2 锅中加入 **B** 开中火煮开。

3 大碗中打入鸡蛋打成蛋液，加入 **1**、奶酪粉和欧芹拌匀。

4 在 **2** 中加入盐、胡椒粉调味，淋入 **3**。待蛋花成型后轻轻混合即可。

✓ 长寿效果看这里！

奶酪

奶酪不仅是发酵食品，也是钙质的来源，是非常好的食材。不仅如此，奶酪中的蛋白质易于消化，吸收率更高。奶酪还含有鲜味物质，不放盐就很美味，适合减盐饮食人群食用。

烤蔬菜清香诱人，还能大量摄入膳食纤维

烤蔬菜山药味噌汤

时间
20分钟

热量	123 千卡
蛋白质	6.9 克
含糖量	18 克
盐分	1.6 克

食材（2人份）

山药·····················100克
芦笋·············2根（50克）
小番茄·····················6颗
大葱·············1根（80克）
高汤·················1又1/2杯
红味噌·········1又1/2大勺

做法

1 山药去皮，在加白醋（未计入食材内）的水中浸泡20分钟（未计入时长），冲洗后拭干水分。切成适口大小放入保鲜袋中，用擀面杖等工具碾碎。

2 芦笋切除根部，用削皮器将尾部去皮。大葱切成15~20厘米的长段。将芦笋、小番茄烤5~6分钟，大葱烤7~8分钟（单面烤制需在期间翻面，并延长烤制时间）。将烤过的芦笋、大葱切成方便进食的长度。

3 锅中高汤煮开，溶入味噌。在碗中放入**1**、**2**后倒入煮好的味噌汤。

✅长寿效果看这里！

红味噌

味噌中的植物性乳酸菌耐胃酸，抵达肠道后依然能保持活性。能帮助肠道维持正常运作，保持健康状态。

对日常味噌汤稍作调整，感受质朴温暖的味道

南瓜豆味噌汤

时间
15分钟

热量	**143** 千卡
蛋白质	**9.7** 克
含糖量	**11.1** 克
盐分	**1.9** 克

食材（2人份）

南瓜·······················100克
蒸大豆······················100克
高汤·······················1又1/2杯
味噌·······················4小勺

做法

1 南瓜切成5毫米厚的小片。大豆用研钵磨碎。

2 锅中加入高汤与南瓜，加盖开中火煮至南瓜变软。

3 溶入味噌，加入**1**的大豆，稍煮片刻。

☑长寿效果看这里！

味噌

磨碎的大豆加入味噌汤中就是传统美食"豆味噌汤"。味噌富含抵达肠道依旧保持活性的植物性乳酸菌，搭配富含膳食纤维的大豆与南瓜，调理肠道的效果更显著。大豆卵磷脂还具有很好的抗氧化作用。

鲜嫩的毛豆搭配味噌，味道更和谐

和风毛豆浓汤

时间
20分钟

热量	121 千卡
蛋白质	10.3 克
含糖量	4.7 克
盐分	1.6 克

食材（2人份）

毛豆·······················250克
高汤·····················1又1/2杯
味噌·······················4小勺

做法

1 毛豆煮软后过冷水，剥出豆子去除外皮，用研钵磨碎。

2 锅中加入高汤开中火，微微沸腾后溶入味噌。加入**1**稍煮片刻。

✅ 长寿效果看这里！

味噌

味噌的原料是大豆，不仅含有大豆的营养，还通过发酵产生了丰富的氨基酸与维生素，有着更强的保健功效。当然，味噌中的乳酸菌含量也很可观，搭配毛豆中的膳食纤维，调理肠道的效果也更显著。

第4章

肉骨、鱼骨

长寿汤

鸡肉、番茄、海带，鲜味物质的盛会

鸡翅中秋葵番茄汤

食材（2人份）

鸡翅中⋯⋯⋯ 8个（180克）
秋葵⋯⋯⋯⋯ 6根（50克）
洋葱⋯⋯⋯⋯ 1/4颗（50克）
番茄丁罐头 ⋯⋯⋯⋯ 100克

A ⎰ 冷水⋯⋯⋯⋯2又1/2杯
   ⎮ 大蒜（拍碎）⋯⋯1/2瓣
   ⎮ 海带⋯⋯⋯⋯⋯2片
   ⎱ 料酒⋯⋯⋯⋯2大勺
盐⋯⋯⋯⋯⋯⋯⋯1/4小勺
胡椒粉⋯⋯⋯⋯⋯⋯少许

做法

1 锅中加入 Ⓐ 浸泡20分钟（未计入时长）。开中火煮开，放入鸡翅中（竖着对半切开），再次煮开后转小火，撇去浮沫。盖上锅盖继续煮，不时撇去浮沫，炖煮约40分钟（未计入时长）。

2 洋葱顺着纹理切成丝。

3 在**1**中加入番茄丁、秋葵与**2**，继续煮约10分钟。最后加入盐、胡椒粉调味。

时间 15分钟

热量	172 千卡
蛋白质	12 克
含糖量	5.6 克
盐分	0.9 克

☑长寿效果看这里！

切开的鸡翅中+秋葵

从鸡骨中溶出的胶质能保护肠黏膜，秋葵中的黏液成分富含水溶性膳食纤维，能改善便秘。搭配食用有助于调理肠道环境，提高免疫力。秋葵还富含抗氧化物质。

西芹与香草清新鲜美

鸡翅口蘑番茄汤

食材（2人份）

鸡翅…………4个（200克）
口蘑……………4~5个
番茄………1/2颗（100克）
洋葱………1/2颗（100克）
西芹………1/2根（40克）

A | 冷水…………2又1/2杯
  | 白葡萄酒………2大勺
  | 海带……………2片
  | 大蒜（拍碎）……1/2瓣
  | 香叶……………1/2片
  | 干百里香………少许

盐………………1/4小勺
胡椒粉…………少许
百里香（装饰用）……少许

做法

1 锅中加入 Ⓐ 浸泡20分钟（未计入时长）。开中火煮开，放入鸡翅，再次煮开后转小火，撇去浮沫。盖上锅盖继续煮，不时撇去浮沫，炖煮约30分钟（未计入时长）。

2 口蘑对半切开，番茄、洋葱切成等分的大块。西芹切成3~4厘米长的段。

3 在**1**中加入洋葱、西芹、口蘑，再煮约20分钟。加入番茄煮2~3分钟，加入盐、胡椒粉调味。盛入碗中，用百里香点缀。

时间
30分钟

热量	321 千卡
蛋白质	22.7 克
含糖量	7.2 克
盐分	1.0 克

✅长寿效果看这里！

鸡翅+番茄

胶原蛋白会溶入汤中，这是有助于保持皮肤紧致的成分。搭配番茄补充抗氧化成分，能预防皮肤衰老。

剩汤巧用！（1人份）

取3/4杯剩汤煮开，加入帝王菜叶10克，稍煮片刻。盛入碗中，撒入帕尔玛奶酪5克。

用黑胡椒碎的辛香为温润的汤头提味

鸡翅花椰菜奶油浓汤

时间
25分钟

热量	396 千卡
蛋白质	14.2 克
含糖量	6.0 克
盐分	0.9 克

食材(2人份)

鸡翅·····················4个 (200克)

花椰菜·················1/4颗 (150克)

洋葱·····················1/4颗 (50克)

A
[冷水·····················2杯
  白葡萄酒·················2大勺
  海带·····················2片
  香叶·····················1/2片]

淡奶油*·················1/2杯

B
[盐·····················1/4小勺
  蒜泥·····················少许]

黑胡椒碎·················少许

做法

1 锅中加入 Ⓐ 浸泡20分钟(未计入时长)。开中火煮开,放入鸡翅,再次煮开后转小火,撇去浮沫。盖上锅盖继续煮,不时撇去浮沫,炖煮约30分钟(未计入时长)。

2 花椰菜分成小朵。洋葱切粗末。

3 在**1**中加入**2**,煮约20分钟。加入淡奶油煮约5分钟,加入 Ⓑ 调味。盛入碗中,撒入黑胡椒碎。

* 食谱中所用的淡奶油脂肪含量为36%。

✅长寿效果看这里!

鸡翅+花椰菜

鸡翅中的胶原蛋白搭配花椰菜中能促进胶原蛋白生成的维生素C,能预防骨质疏松,保持皮肤年轻紧致。

出锅时淋入芝麻油，香醇更美味

鸡翅生菜汤

时间	10分钟

热量	185 千卡
蛋白质	11.6 克
含糖量	3.1 克
盐分	0.9 克

食材 (2人份)

鸡翅…………4个 (200克)
球生菜……………100克
金针菇………1/2袋 (50克)
A ┌ 冷水…………2又1/2杯
  │ 料酒……………2大勺
  └ 海带……………2片
盐………………1/4小勺
白胡椒碎……………少许
芝麻油……………1小勺

做法

1 锅中加入 Ⓐ 浸泡20分钟（未计入时长）。开中火煮开，放入鸡翅，再次煮开后转小火，撇去浮沫。盖上锅盖继续煮，不时撇去浮沫，炖煮约40分钟（未计入时长）。

2 球生菜撕成适口大小，金针菇切成3厘米长的段。

3 在**1**中加入**2**，煮4~5分钟。加入盐、白胡椒碎调味，盛入碗中，淋入芝麻油。

✅长寿效果看这里！

鸡翅+球生菜

鲜味十足的汤头能提高食用时的满足感和饱腹感，防止过量进食，预防肥胖。球生菜是低热量的优质膳食纤维，能抑制餐后血糖值的快速升高。

鸡肉与牛蒡的绝配组合，鸭儿芹带来点睛之笔

鸡翅根牛蒡味噌汤

时间
15分钟

热量	346 千卡
蛋白质	27.1 克
含糖量	9.8 克
盐分	2.4 克

食材（2人份）

鸡翅根········· 4个（250克）
牛蒡··········· 1/2根（90克）
黄豆芽······················ 80克
鸭儿芹··········· 1把（50克）
┌ 冷水··········· 2又1/2杯
Ⓐ 料酒··················· 2大勺
└ 海带····················· 2片
味噌······················· 2大勺

做法

1 锅中加入Ⓐ浸泡20分钟（未计入时长）。牛蒡削成薄片。

2 将Ⓐ以中火煮开，放入鸡翅根，再次煮开后转小火，撇去浮沫。加入牛蒡，盖上锅盖继续煮，不时撇去浮沫，炖煮约40分钟（未计入时长）。

3 黄豆芽摘去根部，鸭儿芹切成4~5厘米长的段。

4 在**2**中溶入味噌，加入**3**稍煮片刻。

✅长寿效果看这里！

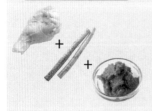

鸡翅根+牛蒡+味噌

带骨肉煮出的汤和味噌中都含有谷氨酸，这种成分能保护肠道壁。牛蒡富含膳食纤维，能改善便秘，促进肠道健康。搭配在一起吃有助于提高免疫力，打造不易生病的身体。

浓浓咖喱辛香，多加一些欧芹吧！

鸡翅根卷心菜咖喱汤

时间
20分钟

热量	185 千卡
蛋白质	11.6 克
含糖量	6.2 克
盐分	0.9 克

食材 (2人份)

鸡翅根··············4个 (250克)
卷心菜············1/4颗 (250克)
欧芹··························适量
A ⎡ 咖喱粉················1/2大勺
  ⎣ 盐··························少许
B ⎡ 冷水·················2又1/2杯
  ⎪ 白葡萄酒···············2大勺
  ⎪ 海带························2片
  ⎪ 香叶······················1/2片
  ⎣ 大蒜 (拍碎)···········1/2瓣
盐、胡椒粉··················各少许

做法

1 锅中加入 Ⓑ 浸泡20分钟 (未计入时长)。在鸡翅根中加入 Ⓐ 揉搓腌制。

2 将 Ⓑ 以中火煮开，放入鸡翅根，再次煮开后转小火，撇去浮沫。盖上锅盖继续煮，不时撇去浮沫，炖煮约30分钟 (未计入时长)。

3 卷心菜切大滚刀块，加入 **2** 中煮10~15分钟。撒入撕碎的欧芹稍煮片刻，最后加入盐、胡椒粉调味。

✓ 长寿效果看这里！

鸡翅根+卷心菜
汤中的胶质能保护肠道的屏障功能，搭配卷心菜中的异硫氰酸盐，打造远离癌症的身体。

最后点缀生蔬菜，为口感与风味带来变化

排骨海带汤

食材（2人份）

猪排骨······················300克
海带*························2片
胡萝卜······················20克
萝卜苗········1/2盒（20克）
大葱····················10厘米
A ┌ 冷水···········2又1/2杯
  │ 料酒················2大勺
  └ 大蒜（拍碎）······1/2瓣
盐······················1/4小勺
胡椒粉······················少许
黑胡椒碎····················少许

*该食谱所使用的海带为
22厘米×15厘米的大片
海带。

做法

1 冲洗海带，泡发30~40
  分钟（未计入时长）。
  对半切断后打成海
  带结。

2 锅中加入 A 与**1**浸
  泡20分钟（未计入时
  长）。开中火煮开，放
  入排骨，再次煮开后
  转小火，撇去浮沫。
  盖上锅盖继续煮，不
  时撇去浮沫，炖煮约
  40分钟（未计入时长）。

3 胡萝卜切细丝，大葱
  斜刀切丝，分别泡冷
  水后沥干。

4 在**2**中加入盐、胡椒
  粉调味。盛入碗中，
  点缀**3**与萝卜苗。撒
  入黑胡椒碎。

时间
15分钟

热量	326 千卡
蛋白质	11.5 克
含糖量	2.9 克
盐分	0.8 克

剩汤巧用！（1人份）

取半颗洋葱（50克）顺
着纹理切成丝。与海发
菜20克、纳豆20克一
起盛入碗中，加入煮开
的3/4杯剩汤。

✅长寿效果看这里！

猪排骨

大量胶原蛋白煮进汤中，有助于促进骨骼与皮肤的健康。猪
肉富含参与热量代谢的维生素B$_1$。搭配富含矿物质的海带，
更有助于消除疲劳。

鲜美的汤头有着甜菜根独特的风味

排骨甜菜根汤

时间
15分钟

热量	339 千卡
蛋白质	12.3 克
含糖量	6.8 克
盐分	0.9 克

食材 (2人份)

猪排骨	300克
甜菜根 (水煮)	100克
白萝卜	150克
Ⓐ 冷水	2又1/2杯
大蒜 (拍碎)	1/2瓣
香叶	1/2片
海带	2片
盐	1/4小勺
胡椒粉	少许
西洋菜	适量

做法

1 锅中加入 Ⓐ 浸泡20分钟 (未计入时长)。白萝卜切2厘米厚的圆片，甜菜根切适口大小块。

2 将 Ⓐ 以中火煮开，放入排骨与白萝卜，再次煮开后转小火，撇去浮沫。盖上锅盖继续煮，不时撇去浮沫，炖煮约40分钟 (未计入时长)。

3 加入甜菜根再煮5~6分钟。加入盐、胡椒粉调味。盛入碗中，用西洋菜点缀。

✅长寿效果看这里！

猪排骨+甜菜根

甜菜根独特的红色来自天然色素甜菜紫宁，有着很强的抗氧化作用。搭配汤中的胶原蛋白与透明质酸，具有抗衰老的效果。

韩式辣汤帮助身体由内而外暖起来

韩式土豆排骨汤

时间
25分钟

热量	430 千卡
蛋白质	13.7 克
含糖量	16.7 克
盐分	1.5 克

肉骨、鱼骨长寿汤

食材（2人份）

猪排骨·······························300克
土豆·····················2小个 (150克)
韭菜·······················1/3把 (30克)

A [
冷水·····························2又1/2杯
大蒜 (拍碎)······················1/2瓣
生姜·······················1/2片 (5克)
海带·······························2片
]

B [
大葱 (切末)······················10厘米
韩式辣酱、辣椒粉········各1大勺
味噌、芝麻油··········各1/2大勺
]

做法

1 锅中加入 Ⓐ 浸泡20分钟（未计入时长）。开中火煮开，放入排骨，再次煮开后转小火，撇去浮沫。加入 Ⓑ，盖上锅盖继续煮，不时撇去浮沫，炖煮约40分钟（未计入时长）。

2 土豆去皮对半切开，韭菜切成3厘米长的段。

3 在**1**中加入土豆再煮12~13分钟。加入韭菜稍煮片刻。

✅长寿效果看这里！

猪排骨
大量胶原蛋白煮进汤中。韭菜中的维生素C能促进体内胶原蛋白的合成，所以猪肉适合搭配大量蔬菜一起吃，保健效果更好。

清爽盐味清汤

鱼块白萝卜汤

食材（2人份）

鱼块*·········300～400克

白萝卜·····················150克

大葱···········1根（80克）

A ⎡ 冷水·········2又1/2杯

⎢ 料酒·················2大勺

⎣ 海带·····················2片

盐·····················少许

白萝卜叶·················少许

*尽量选择刺少的鱼块。

做法

1 锅中加入 A 浸泡20分钟（未计入时长）。开中火煮开，放入鱼块，再次煮开后转小火，撇去浮沫。盖上锅盖继续煮，不时撇去浮沫，炖煮约30分钟（未计入时长）。

2 白萝卜切圆薄片，萝卜叶切成4~5厘米长的段，大葱切成4厘米长的段。

3 在**1**中加入大葱，煮7~8分钟。加入白萝卜，再煮4~5分钟，加入盐调味，最后加入萝卜叶稍煮片刻。

时间
20分钟

热量	433千卡
蛋白质	33.6克
含糖量	6.1克
盐分	0.6克

剩汤巧用！（1人份）

碗中加入白萝卜泥100克，小葱花2大勺，加入煮开的3/4杯剩汤。

✅ 长寿效果看这里！

鱼块+白萝卜

鱼中的DHA能激活脑细胞，而EPA则有助于降低血液黏稠度。鱼眼富含胶质，营养丰富，请记得一起吃。白萝卜含有膳食纤维，搭配鱼肉以及汤头中的胶质，是能有效调理肠道功能的一道长寿汤。

肉骨、鱼骨长寿汤

汤底风味柔和鲜味，芥末辛香提味

和风鱼头芜菁汤

食材（2人份）

鱼头···········300～400克

芜菁········3小个（150克）

芜菁叶·················少许

A ⌈ 冷水········2又1/2杯
  │ 料酒··········· 2大勺
  └ 海带··········· 2片

盐、芥末··········各少许

做法

1 锅中加入 Ⓐ 浸泡20分钟（未计入时长）。开中火煮开，放入鱼头，再次煮开后转小火，撇去浮沫。盖上锅盖继续煮，不时撇去浮沫，炖煮约20分钟（未计入时长）。

2 芜菁保留2厘米的叶子，对半切开。切掉的叶子切成4~5厘米长的段。

3 在**1**中加入芜菁，煮10~15分钟。加入芜菁叶稍煮片刻，最后加入盐调味。盛入碗中，点上芥末。

时间 20分钟

热量	124 千卡
蛋白质	11.1 克
含糖量	3.9 克
盐分	0.5 克

剩汤巧用！（1人份）

30克山药去皮，放入保鲜袋用擀面杖等工具碾碎。盛入碗中，加入煮开的3/4杯剩汤，点上1小勺颗粒状黄芥末酱。

✅ 长寿效果看这里！

鱼头

鱼头炖出的汤富含谷氨酸。谷氨酸不仅能保护肠道壁，还有助于保持大脑活力。另外，推荐吃饭时先喝一碗鲜美的汤，这样能提升进食的满足感，有助于抑制食欲。

生洋葱口感爽脆,还能降低血液黏稠度

鱼块干香菇咖喱汤

时间
15分钟

热量	428 千卡
蛋白质	33.2 克
含糖量	5.0 克
盐分	0.5 克

食材 (2人份)

鱼块············300～400克
干香菇·················2朵
洋葱·········1/4颗 (50克)
香菜··················少许
A ⎡ 冷水·········2又1/2杯
⎢ 料酒··············2大勺
⎢ 咖喱粉··········2小勺
⎣ 海带··············2片
白砂糖············1/4小勺
盐····················少许

做法

1 干香菇泡发 (未计入时长),拧干水分后去蒂。

2 锅中加入 A 浸泡20分钟 (未计入时长)。开中火煮开,放入鱼块,再次煮开后转小火,撇去浮沫。加入**1**,盖上锅盖继续煮,不时撇去浮沫,炖煮约40分钟 (未计入时长)。

3 洋葱顺着纹理切成丝,泡冷水后沥干。香菜切成适口大小。

4 在**2**中加入白砂糖、盐调味,盛入碗中,加入洋葱、香菜。

✓ 长寿效果看这里!

鱼块

鱼块是富含维生素D的食材。维生素D能调节血液中的钙含量,有助于保持骨骼与牙齿的健康。另外,鱼肉中还富含胶原蛋白,有助于预防骨质疏松。

德国酸菜风味的卷心菜口感酸爽

香草鱼头卷心菜汤

时间 15分钟	
热量	255 千卡
蛋白质	24.2 克
含糖量	4.4 克
盐分	0.4 克

食材 (2人份)

鱼头················ 300～400 克
卷心菜··············4片 (150克)

Ⓐ
- 冷水···············2又1/2杯
- 白葡萄酒············1/4杯
- 海带·················2片
- 大蒜 (拍碎)··········1/2瓣
- 香叶················1/2片
- 干百里香·············2根

Ⓑ
- 白醋、橄榄油········各1小勺
- 白砂糖·············1/3小勺

盐·····················少许
百里香 (装饰用)···········少许

做法

1 锅中加入Ⓐ浸泡20分钟(未计入时长)。开中火煮开, 放入鱼头, 再次煮开后转小火, 撇去浮沫。盖上锅盖继续煮, 不时撇去浮沫, 炖煮约30分钟(未计入时长)。

2 卷心菜切成3~4毫米细的丝, 撒小半勺盐(未计入食材内)拌匀, 静置20分钟(未计入时长)。揉搓至变软后拧干汁水, 加入Ⓑ拌匀。

3 在**1**中加入**2**稍煮片刻, 加入盐调味。盛入碗中, 用百里香点缀。

✅长寿效果看这里!

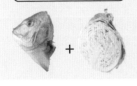

鱼头+卷心菜
鱼头富含DHA、EPA, 卷心菜则含有大量膳食纤维。二者搭配食用有助于预防生活习惯病。

带着柠檬宜人酸味的西式汤

柠香沙丁鱼汤

时间
10分钟

热量	118 千卡
蛋白质	10.4 克
含糖量	2.8 克
盐分	0.5 克

食材 (2人份)

沙丁鱼··························· 2条 (260克)
柠檬································· 2片
Ⓐ ⎡ 冷水···························2又1/2杯
　 ⎢ 白葡萄酒······················ 1/4杯
　 ⎢ 大蒜 (拍碎)···················1/2瓣
　 ⎣ 海带·························· 2片
Ⓑ ⎡ 柠檬汁·························1大勺
　 ⎣ 盐、白胡椒碎·················各少许
西芹叶································少许

做法

1 锅中加入 Ⓐ 浸泡20分钟 (未计入时长)。开中火煮开，放入沙丁鱼，再次煮开后转小火，撇去浮沫。加入柠檬片，盖上锅盖继续煮，不时撇去浮沫，炖煮约30分钟 (未计入时长)。

2 加入 Ⓑ 调味，盛入碗中，撒入切碎的西芹叶。

长寿效果看这里！

沙丁鱼

沙丁鱼富含促进肾功能的硒，能增加每年不断减少的长寿激素"DHEA"。柠檬不仅能去除沙丁鱼的腥味，还能为人体补充具有抗氧化作用的维生素C。

雪菜的适度酸味与沙丁鱼十分相宜

雪菜沙丁鱼韭菜汤

肉骨、鱼骨长寿汤

时间
15分钟

热量	144 千卡
蛋白质	11.3 克
含糖量	3.6 克
盐分	1.4 克

食材 (2人份)

沙丁鱼··················2条 (260克)
雪菜·····························30克
韭菜·····················1/3把 (30克)

A ⎡ 冷水·····················2又1/2杯
  ⎢ 料酒·······················2大勺
  ⎣ 海带························2片

B ⎡ 大葱 (切末)·················1/2根
  ⎢ 生姜 (切末)·········1片 (10克)
  ⎣ 红辣椒 (切碎)···············少许

盐·······························少许
芝麻油·························1小勺

做法

1 锅中加入 Ⓐ 浸泡20分钟 (未计入时长)。沙丁鱼去掉头与内脏,洗净后拭干水分,切成3~4厘米的段。

2 将 Ⓐ 以中火煮开,放入沙丁鱼,再次煮开后转小火,撇去浮沫。加入 Ⓑ,盖上锅盖继续煮,不时撇去浮沫,炖煮约30分钟 (未计入时长)。

3 雪菜切碎,韭菜切成7~8毫米长的小段。

4 在 **2** 中加入 **3** 稍煮片刻,加入盐调味。最后淋入芝麻油。

✅长寿效果看这里!

+

沙丁鱼+雪菜
沙丁鱼的DHA能激活脑细胞,预防老年痴呆。雪菜富含植物性乳酸菌,能守护肠道健康。

出锅后撒上苏子叶，清香更美味

青花鱼白萝卜海发菜汤

时间
20分钟

热量	283 千卡
蛋白质	21.3 克
含糖量	3.9 克
盐分	0.8 克

食材 (2人份)

青花鱼·············1块 (250克)
白萝卜···················150克
海发菜·············1盒 (40克)

A
　冷水·················2又1/2杯
　料酒···················2大勺
　生姜··············1片 (10克)
　海带·····················2片

盐·······················少许
苏子叶···················5片

做法

1 锅中加入 Ⓐ 浸泡20分钟 (未计入时长)。青花鱼切3厘米长的段。

2 将 Ⓐ 以中火煮开，放入青花鱼，再次煮开后转小火，撇去浮沫。盖上锅盖继续煮，不时撇去浮沫，炖煮约20分钟 (未计入时长)。

3 白萝卜切成3~4厘米长的条状。加入**2**中，煮约10分钟。加入海发菜稍煮片刻，加入盐调味。盛入碗中，撒上撕碎的苏子叶。

☑长寿效果看这里！

青花鱼+海发菜
青花鱼能提供增强免疫力所不可或缺的优质蛋白。海发菜中的岩藻多糖有着较强的抗氧化作用，有助于提升免疫力。

炖煮后醋的酸味转化为鲜味

竹笑鱼小番茄裙带菜汤

时间
20分钟

热量	168 千卡
蛋白质	13 克
含糖量	14.2 克
盐分	1.0 克

食材 (2人份)

竹笑鱼 ················· 1大条 (250克)
小番茄 ····························· 10颗
裙带菜 (干) ·························· 3克
大葱 ································ 1根

A
⌈ 冷水 ···························· 2杯
│ 白醋 ···························· 1杯
│ 料酒 ·························· 2大勺
│ 大蒜 (拍碎) ················ 1/2瓣
⌊ 海带 ···························· 2片

盐 ··································少许

做法

1 锅中加入 Ⓐ 浸泡20分钟 (未计入时长)。竹笑鱼去掉鳃与内脏,洗净后拭干水分,切成大块。

2 将Ⓐ以中火煮开,放入竹笑鱼,再次煮开后转小火,撇去浮沫。盖上锅盖继续煮,不时撇去浮沫,炖煮约30分钟 (未计入时长)。

3 裙带菜加水泡发。大葱切成1.5厘米长的小段。

4 在**2**中加入大葱煮4~5分钟。加入小番茄、裙带菜稍煮片刻,最后加入盐调味。

✓ 长寿效果看这里!

竹笑鱼+白醋+裙带菜
炖煮时加少许醋能让竹笑鱼骨头中的钙质与胶原蛋白充分溶入汤中。再搭配富含钙质的裙带菜,有助于促进骨骼与牙齿的健康。

酸奶与番茄宜人的酸味让余韵清爽

秋刀鱼酸奶汤

时间
10分钟

热量	303 千卡
蛋白质	16.6 克
含糖量	6.7 克
盐分	0.7 克

食材 (2人份)

秋刀鱼·················· 2条 (240克)

原味酸奶·················1/2杯

番茄·················1/2颗 (100克)

香菜·················5~6根

Ⓐ
- 冷水·················2杯
- 料酒·················2大勺
- 大蒜 (拍碎)·················1/2瓣
- 海带·················2片
- 小茴香粉·················1小勺

盐·················少许

做法

1 锅中加入 Ⓐ 浸泡20分钟 (未计入时长)。秋刀鱼按照长度切成三等份,去掉内脏洗净后拭干水分。

2 将 Ⓐ 以中火煮开,放入秋刀鱼,再次煮开后转小火,撇去浮沫。盖上锅盖继续煮,不时撇去浮沫,炖煮约30分钟 (未计入时长)。

3 番茄切成小丁。香菜切碎。

4 在 **2** 中加入酸奶、番茄稍煮片刻,加入盐调味。最后加入香菜。

✓ 长寿效果看这里!

+

秋刀鱼+酸奶

发酵食品酸奶能调理肠道环境,提升免疫力。加入含有大量胶质的汤中,让这道长寿汤的效果更加显著。秋刀鱼中的DHA、EPA有助于降低血液黏稠度。

将咸鲜的发酵食品凤尾鱼当调味料

金目鲷番茄汤

肉骨、鱼骨长寿汤

时间	10分钟

热量	214 千卡
蛋白质	22.5 克
含糖量	5.2 克
盐分	1.2 克

食材 (2人份)

金目鲷鱼头·····300～400克
番茄············1颗 (200克)
凤尾鱼··········2条 (10克)
胡葱············2根 (30克)

Ⓐ
┌ 冷水··········2又1/2杯
│ 大蒜 (拍碎)·······1/2瓣
└ 海带···············2片
盐·················少许

做法

1 锅中加入Ⓐ浸泡20分钟 (未计入时长)。番茄切成适口大小, 凤尾鱼切碎。

2 将Ⓐ以中火煮开, 放入鱼头, 再次煮开后转小火, 撇去浮沫。加入番茄、凤尾鱼, 盖上锅盖继续煮, 不时撇去浮沫, 炖煮约40分钟 (未计入时长)。

3 胡葱斜刀切成薄片, 泡冷水后沥干。

4 在**2**中加入盐调味, 盛入碗中, 点缀上**3**。

✅长寿效果看这里!

金目鲷鱼头 + 番茄

汤中富含胶原蛋白与透明质酸, 能改善皮肤的细纹与松弛状况。番茄中的番茄红素具有较强的抗氧化作用, 能预防皮肤问题, 有助于打造年轻紧致的肌肤。

> 清新的薄荷是比目鱼出乎意料的绝妙搭配

比目鱼小扁豆汤

时间
10分钟

热量	155 千卡
蛋白质	18.9 克
含糖量	10.7 克
盐分	0.6 克

食材 (2人份)

比目鱼·····················2块 (300克)

A
- 冷水·····················2又1/2杯
- 白葡萄酒·····················2大勺
- 海带·····················2片

B
- 小扁豆·····················30克
- 彩椒 (红)·······1/4个 (50克)
- 洋葱·····················1/4颗 (50克)
- 香叶·····················1小片
- 干百里香·····················少许

盐、留兰香·····················各少许

做法

1 锅中加入 Ⓐ 浸泡20分钟 (未计入时长)。Ⓑ的彩椒、洋葱切成5毫米见方的小丁。

2 将 Ⓐ 以中火煮开，放入比目鱼，再次煮开后转小火，撇去浮沫。加入 Ⓑ，盖上锅盖继续煮，不时撇去浮沫，炖煮约30分钟 (未计入时长)。

3 加入盐调味，盛入碗中，撒上留兰香的叶子。

✅ 长寿效果看这里！

比目鱼

比目鱼煮出的汤鲜味十足，在餐前喝一碗，更容易获得满足感，能防止过量进食引发肥胖。搭配膳食纤维丰富的豆类，效果更佳。

	杏仁	20
	雪菜	68、99
Y	鸭儿芹	18、86
	盐曲	58、60
	腌咸菜	20、69
	洋葱	007、26、28、30、33、34、60、72、80、82、84、96、104
	油豆腐（片）	21、56
	原味豆奶	21、48、68
	原味酸奶	20、49、70、74、102
	鱼块	92、96
	鱼头	94、97、103
Z	竹筴鱼	101
	猪里脊	40
	猪排骨	88、90、91
	猪五花肉片	52、64

天津市版权登记号：图字02-2021-137号

图书在版编目（CIP）数据

长寿汤 / （日）藤田纮一郎著；安忆译 . -- 天津：
天津科学技术出版社，2021.10（2023.4 重印）
 ISBN 978-7-5576-9661-0

 Ⅰ . ①长… Ⅱ . ①藤… ②安… Ⅲ . ①保健－汤菜－
菜谱 Ⅳ . ① TS972.122

 中国版本图书馆 CIP 数据核字 (2021) 第 177581 号

长寿汤
CHANGSHOU TANG
责任编辑：张建锋
责任印制：兰 毅

出 版：天津出版传媒集团
    天津科学技术出版社
地 址：天津市西康路35号
邮 编：300051
电 话：(022)23332400
网 址：www. tjkjcbs. com. cn
发 行：新华书店经销
印 刷：天津联城印刷有限公司

开本 710×1 000 1/16 印张 8.25 字数 100 000
2023年4月第1版第3次印刷
定价：58.00元

快读·慢活®

　　从出生到少女，到女人，再到成为妈妈，养育下一代，女性在每一个重要时期都需要知识、勇气与独立思考的能力。

　　"快读·慢活®"致力于陪伴女性终身成长，帮助新一代中国女性成长为更好的自己。从生活到职场，从美容护肤、运动健康到育儿、家庭教育、婚姻等各个维度，为中国女性提供全方位的知识支持，让生活更有趣，让育儿更轻松，让家庭生活更美好。